计算机科学与技术丛书

鸿蒙App案例开发实战

学习服务与工具助手30例

李永华　陈宏铭◎编著

清华大学出版社

北京

内 容 简 介

　　鸿蒙不仅是我国第一款真正意义上的操作系统,也是可以使智能穿戴设备、无人驾驶、车机设备、电视等万物互联互通的操作系统。本书结合当前高等院校创新实践课程,总结基于鸿蒙开源应用程序的开发方法,给出综合实践案例。主要开发方向为学习服务、财务管理、智能管理、时间应用等,案例包括总体设计、开发工具、开发实现、成果展示。

　　本书案例多样化,可满足不同层次人员的需求;同时,本书附赠工程文件、视频讲解、程序代码和程序原图,供读者自学和提高使用。

图书在版编目(CIP)数据

　　鸿蒙 App 案例开发实战:学习服务与工具助手 30 例/李永华,陈宏铭编著. —北京:清华大学出版社,2023.11

　　(计算机科学与技术丛书)

　　ISBN 978-7-302-64339-5

　　Ⅰ.①鸿…　Ⅱ.①李…②陈…　Ⅲ.①移动终端－操作系统－程序设计　Ⅳ.①TN929.53

　　中国国家版本馆 CIP 数据核字(2023)第 144617 号

责任编辑:崔　彤
封面设计:李召霞
责任校对:申晓焕
责任印制:沈　露

出版发行:清华大学出版社
　　　网　　　址:https://www.tup.com.cn,https://www.wqxuetang.com
　　　地　　　址:北京清华大学学研大厦 A 座　　　邮　　编:100084
　　　社 总 机:010-83470000　　　邮　　购:010-62786544
　　　投稿与读者服务:010-62776969,c-service@tup.tsinghua.edu.cn
　　　质量反馈:010-62772015,zhiliang@tup.tsinghua.edu.cn
　　　课件下载:https://www.tup.com.cn,010-83470236
印 装 者:三河市龙大印装有限公司
经　　　销:全国新华书店
开　　　本:186mm×240mm　　　印　　张:19.75　　　字　　数:446 千字
版　　　次:2023 年 12 月第 1 版　　　印　　次:2023 年 12 月第 1 次印刷
印　　　数:1～1500
定　　　价:79.00 元

产品编号:099657-01

前 言
FOREWORD

鸿蒙是华为技术有限公司开发的一款全新的、面向万物互联时代的全场景分布式操作系统。鸿蒙操作系统基于微内核、代码小、效率高、跨平台、多终端、不卡顿、长续航、不易受攻击的特点,在传统的单设备基础上,提出同一套系统能力、适配多种终端形态的分布式理念,创造一个超级虚拟终端互联的世界,将人、设备、场景有机地联系在一起,能够支持手机、平板电脑、智能穿戴、智慧屏等多种终端设备,提供移动办公、运动健康、社交通信等业务范围,将消费者在全场景生活中接触的多种智能终端实现极速发现、无感连接、硬件互助、资源共享。鸿蒙将为我国智能制造产业的发展奠定坚实基础,使未来工业软件的应用更加广泛。

大学作为传授知识、科研创新、服务社会的主要机构,为社会培养具有创新思维的现代化人才责无旁贷,而具有时代特色的书籍又是培养专业知识的基础。本书依据当今信息社会的发展趋势,基于工程教育教学经验,意欲将其提炼为适合国情、具有自身特色的创新实践教材。

本书面向当前鸿蒙系统开发,将实际智能应用30个案例进行总结,推进创新创业教育,为国家输送更多掌握自主技术的创新创业型人才奠定基础。

本书可作为信息与通信工程及相关专业的本科生教材,也可作为从事物联网、创新开发和设计的专业技术人员的参考用书。

本书的内容和素材主要来源于以下几方面:华为技术有限公司官方网站学习平台;作者所在学校近几年承担的教育部和北京市的教育、教学改革项目与成果;作者指导的研究生在物联网方向的研究工作及成果总结;北京邮电大学信息工程专业创新实践,该专业学生基于CDIO工程教育方法,实现创新研发,不但学到了知识,提高了能力,而且为本书提供了第一手素材和资料,在此向这些学生表示感谢。

本书的编写得到了华为技术有限公司、江苏润和软件股份有限公司、教育部电子信息类专业教学指导委员会、信息工程专业国家第一类特色专业建设项目、信息工程专业国家第二类特色专业建设项目、教育部CDIO工程教育模式研究与实践项目、教育部本科教学工程项目、信息工程专业北京市特色专业项目、北京高等学校教育教学改革项目的大力支持;本书由北京邮电大学教学综合改革项目(2022SJJX-A01)资助,特此表示感谢!

　　由于作者水平有限,书中不当之处在所难免,敬请读者不吝指正,以便作者进一步修改和完善。

李永华

2023 年 11 月

于北京邮电大学

目 录
CONTENTS

项目 1

单词应用

本项目通过鸿蒙系统开发工具 DevEco Studio 3.0,基于 Java 开发一款分布式单词应用,支持不同设备之间数据同步,实现多终端设备的访问功能。

1.1 总体设计

本部分包括系统架构和系统流程。

1.1.1 系统架构

系统架构如图 1-1 所示。

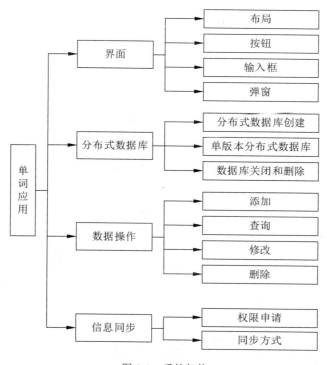

图 1-1 系统架构

1.1.2 系统流程

系统流程如图 1-2 所示。

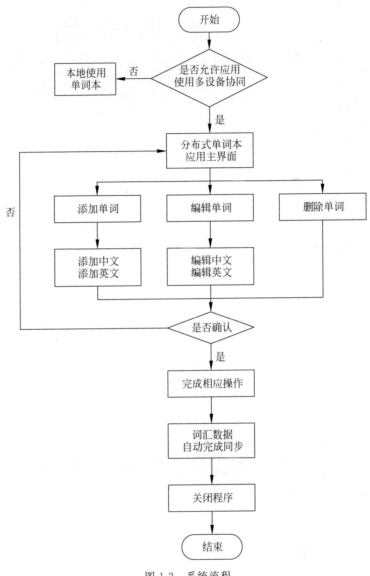

图 1-2 系统流程

1.2 开发工具

本项目使用 DevEco Studio 开发工具,安装过程如下。

(1) 注册开发者账号,完成注册并登录,在官网下载 DevEco Studio 并安装。

（2）模板类型选择 Empty Feature Ability，设备类型选择 Phone，语言类型选择 Java，单击 Next 后填写相关信息。项目名称为 DistributedVocabularyBookDemo；Project type 选择 Application，更改 Save location；Compatible API Version 选择 SDK。

（3）在 src/main/java/com 目录下创建 component、page、provider 和 structure 文件夹，并分别创建对应文件，应用目录结构如图 1-3 所示。

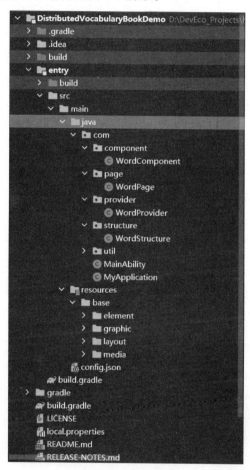

图 1-3　应用目录结构

（4）在 src/main/java/com 目录下相关文件夹中进行分布式单词应用的开发。

1.3　开发实现

本部分包括界面设计和程序开发，下面分别给出各模块的功能介绍及相关代码。

1.3.1　界面设计

本部分包括主界面、单词/词汇信息、弹窗、主界面背景、按钮背景、输入框背景、编辑框背景、错误提示窗背景和焦点提示窗背景。

1. 主界面

定义同步和添加两个 Button 按钮、英文单词/短语、分布式单词本、中文释义的 Text 文本,相关代码如下。

```xml
<?xml version = "1.0" encoding = "utf - 8"?>
< DirectionalLayout
    xmlns:ohos = "http://schemas.huawei.com/res/ohos"
    ohos:height = "match_parent"
    ohos:width = "match_parent"
    ohos:orientation = "vertical">
  < DependentLayout
      ohos:width = "match_parent"
      ohos:height = "60vp"
      >
    < Text
        ohos:height = "match_content"
        ohos:width = "match_content"
        ohos:text = " $ string:information_management"
        ohos:text_color = " # 222222"
        ohos:text_size = "22fp"
        ohos:center_in_parent = "true"
        />
    < Button
        ohos:id = " $ + id:addWord"
        ohos:height = "match_content"
        ohos:width = "match_content"
        ohos:text = " $ string:add"
        ohos:text_color = " # a0a0a0"
        ohos:text_size = "18fp"
        ohos:align_parent_right = "true"
        ohos:vertical_center = "true"
        ohos:right_margin = "16vp"
        />
    < Button
        ohos:id = " $ + id:sync"
        ohos:height = "match_content"
        ohos:width = "match_content"
        ohos:text = " $ string:sync"
        ohos:text_color = " # a0a0a0"
        ohos:text_size = "18fp"
        ohos:align_parent_left = "true"
        ohos:vertical_center = "true"
        ohos:left_margin = "16vp"
        />
  </DependentLayout>
  < Component
      ohos:height = "1vp"
      ohos:width = "match_parent"
```

```
            ohos:background_element = " # eeeeee"
            />
        < DirectionalLayout
            ohos:width = "match_parent"
            ohos:height = "40vp"
            ohos:orientation = "horizontal"
            >
        < Text
            ohos:width = "match_parent"
            ohos:height = "match_content"
            ohos:id = " $ + id:name"
            ohos:text = " $ string:en"
            ohos:text_color = " # 222222"
            ohos:text_size = "16fp"
            ohos:weight = "10"
            ohos:text_alignment = "center"
            ohos:layout_alignment = "center"
            />
        < Text
            ohos:width = "match_parent"
            ohos:height = "match_content"
            ohos:id = " $ + id:en"
            ohos:text = " $ string:cn"
            ohos:text_color = " # 555555"
            ohos:text_size = "16fp"
            ohos:weight = "10"
            ohos:text_alignment = "center"
            ohos:layout_alignment = "center"
            />
        < Text
            ohos:width = "match_parent"
            ohos:height = "40vp"
            ohos:weight = "7"
            ohos:left_margin = "20vp"
            >
        </Text >
    </DirectionalLayout >
    < ListContainer
        ohos:id = " $ + id:listContainer"
        ohos:width = "match_parent"
        ohos:height = "match_parent"
        ohos:orientation = "vertical"
        />
</DirectionalLayout >
```

2．单词/词汇信息

定义程序主界面列表中每条单词/词汇信息的布局，包括 Text 文本、编辑和删除按钮，相关代码如下。

```
<?xml version = "1.0" encoding = "utf - 8"?>
```

```
< DirectionalLayout
    xmlns:ohos = "http://schemas.huawei.com/res/ohos"
    ohos:width = "match_parent"
    ohos:height = "match_content"
    ohos:orientation = "vertical"
    >
    < Text
        ohos:id = " $ + id:title"
        ohos:width = "match_content"
        ohos:height = "match_content"
        ohos:text = " $ string:add_information"
        ohos:text_color = " #111111"
        ohos:text_size = "18fp"
        ohos:layout_alignment = "center"
        ohos:top_margin = "30vp"
        ohos:bottom_margin = "30vp"
        />
    < DirectionalLayout
        ohos:width = "match_parent"
        ohos:height = "40vp"
        ohos:orientation = "horizontal"
        ohos:left_margin = "19vp"
        ohos:right_margin = "19vp"
        >
        < Text
            ohos:width = "match_parent"
            ohos:height = "match_content"
            ohos:text = " $ string:dialog_en"
            ohos:text_color = " #222222"
            ohos:text_size = "16fp"
            ohos:weight = "1"
            ohos:layout_alignment = "vertical_center|left"
            />
        < TextField
            ohos:width = "match_parent"
            ohos:height = "match_parent"
            ohos:id = " $ + id:en"
            ohos:text_color = " #555555"
            ohos:text_size = "16fp"
            ohos:weight = "3"
            ohos:hint = " $ string:input_en"
            ohos:background_element = " $ graphic:background_input"
            ohos:text_alignment = "vertical_center|left"
            ohos:left_padding = "10vp"
            ohos:layout_alignment = "center"
            />
    </DirectionalLayout >
    < DirectionalLayout
        ohos:width = "match_parent"
        ohos:height = "40vp"
```

```
            ohos:orientation = "horizontal"
            ohos:left_margin = "19vp"
            ohos:right_margin = "19vp"
            ohos:top_margin = "16vp"
            >
            < Text
                ohos:width = "match_parent"
                ohos:height = "match_content"
                ohos:text = " $ string:dialog_cn"
                ohos:text_color = " # 222222"
                ohos:text_size = "16fp"
                ohos:weight = "1"
                ohos:layout_alignment = "vertical_center|left"
                />
            < TextField
                ohos:width = "match_parent"
                ohos:height = "match_parent"
                ohos:id = " $ + id:cn"
                ohos:text_color = " # 555555"
                ohos:text_size = "16fp"
                ohos:weight = "3"
                ohos:hint = " $ string:input_cn"
                ohos:background_element = " $ graphic:background_input"
                ohos:text_alignment = "vertical_center|left"
                ohos:left_padding = "10vp"
                ohos:layout_alignment = "center"
                ohos:text_input_type = "pattern_number"
                />
        </DirectionalLayout >
        < Button
            ohos:id = " $ + id:confirm"
            ohos:width = "match_parent"
            ohos:height = "match_content"
            ohos:text = " $ string:confirm"
            ohos:text_color = " # ffffff"
            ohos:text_size = "16fp"
            ohos:layout_alignment = "center"
            ohos:left_margin = "30vp"
            ohos:right_margin = "30vp"
            ohos:top_margin = "40vp"
            ohos:bottom_margin = "40vp"
            ohos:bottom_padding = "10vp"
            ohos:top_padding = "10vp"
            ohos:background_element = " $ graphic:background_button"
            />
    </DirectionalLayout >
```

3. 弹窗

添加和编辑弹窗的布局样式,用于新增信息后编辑和删除 Button 按钮,相关代码如下。

```xml
<?xml version = "1.0" encoding = "utf - 8"?>
< DirectionalLayout
    xmlns:ohos = "http://schemas.huawei.com/res/ohos"
    ohos:width = "match_parent"
    ohos:height = "41vp"
    ohos:orientation = "vertical"
    >
  < DirectionalLayout
      ohos:id = " $ + id:dir_id"
      ohos:width = "match_parent"
      ohos:height = "40vp"
      ohos:orientation = "horizontal"
      >
    < Text
        ohos:width = "match_parent"
        ohos:height = "match_content"
        ohos:id = " $ + id:en"
        ohos:text_color = " #222222"
        ohos:text_size = "16fp"
        ohos:weight = "10"
        ohos:text_alignment = "center"
        ohos:layout_alignment = "center"
        ohos:truncation_mode = "ellipsis_at_middle"
        />
    < Text
        ohos:width = "match_parent"
        ohos:height = "match_content"
        ohos:id = " $ + id:cn"
        ohos:text_color = " #555555"
        ohos:text_size = "16fp"
        ohos:weight = "10"
        ohos:text_alignment = "center"
        ohos:layout_alignment = "center"
        ohos:truncation_mode = "ellipsis_at_middle"
        />
    < DirectionalLayout
        ohos:width = "match_parent"
        ohos:height = "40vp"
        ohos:orientation = "horizontal"
        ohos:left_margin = "20vp"
        ohos:weight = "7"
        >
      < Button
          ohos:id = " $ + id:edit"
          ohos:width = "match_content"
          ohos:height = "match_content"
          ohos:text = " $ string:edit"
          ohos:text_color = " #00dddd"
          ohos:text_size = "16fp"
          ohos:padding = "4vp"
```

```
                ohos:layout_alignment = "center"
                />
        < Button
                ohos:id = " $ + id:delete"
                ohos:width = "match_content"
                ohos:height = "match_content"
                ohos:text = " $ string:delete"
                ohos:text_color = " # cc0000"
                ohos:text_size = "16fp"
                ohos:padding = "4vp"
                ohos:layout_alignment = "center"
                />
    </DirectionalLayout >
  </DirectionalLayout >
  < Text
        ohos:width = "match_parent"
        ohos:height = "1vp"
        ohos:background_element = " # aaeeeeee"
        ohos:left_margin = "20vp"
        ohos:right_margin = "20vp"
        />
</DirectionalLayout >
```

4. 主界面背景

```
<?xml version = "1.0" encoding = "UTF - 8" ?>
< shape xmlns:ohos = "http://schemas.huawei.com/res/ohos"
        ohos:shape = "rectangle">
    < solid
        ohos:color = " # FFFFFF"/>
</ shape >
```

5. 按钮背景

```
<?xml version = "1.0" encoding = "UTF - 8" ?>
< shape xmlns:ohos = "http://schemas.huawei.com/res/ohos"
        ohos:shape = "rectangle">
    < corners
        ohos:radius = "8vp"/>
    < solid
        ohos:color = " # 00dddd"/>
</ shape >
```

6. 输入框背景

```
<?xml version = "1.0" encoding = "UTF - 8" ?>
< shape xmlns:ohos = "http://schemas.huawei.com/res/ohos"
        ohos:shape = "rectangle">
    < corners
        ohos:radius = "8vp"/>
    < solid
        ohos:color = " # 00000000"/>
```

```xml
        <stroke ohos:width = "1vp" ohos:color = "#eeeeee"/>
</shape>
```

7. 编辑框背景

```xml
<?xml version = "1.0" encoding = "UTF - 8" ?>
<shape xmlns:ohos = "http://schemas.huawei.com/res/ohos"
        ohos:shape = "rectangle">
    <corners
        ohos:radius = "8vp"/>
    <solid
        ohos:color = "#eeeeee"/>
    <stroke ohos:width = "1vp" ohos:color = "#eeeeee"/>
</shape>
```

8. 错误提示窗背景

```xml
<?xml version = "1.0" encoding = "UTF - 8" ?>
<shape xmlns:ohos = "http://schemas.huawei.com/res/ohos"
        ohos:shape = "rectangle">
    <corners
        ohos:radius = "8vp"/>
    <solid
        ohos:color = "#00000000"/>
    <stroke ohos:width = "1vp" ohos:color = "#E74C3C"/>
</shape>
```

9. 焦点提示窗背景

```xml
<?xml version = "1.0" encoding = "UTF - 8" ?>
<shape xmlns:ohos = "http://schemas.huawei.com/res/ohos"
        ohos:shape = "rectangle">
    <corners
        ohos:radius = "8vp"/>
    <solid
        ohos:color = "#00000000"/>
    <stroke ohos:width = "1vp" ohos:color = "#00dddd"/>
</shape>
```

1.3.2 程序开发

本部分包括权限申请、数据库、数据操作、信息同步和完整代码。

1. 权限申请

实现分布式权限申请步骤如下。

（1）MainAbility 文件添加申请。

```java
public class MainAbility extends Ability {
    private static final int PERMISSION_CODE = 20220401;
        //授权代码
    @Override
    public void onStart(Intent intent) {
```

```
            super.onStart(intent);
            //初始化
            super.setMainRoute(WordPage.class.getName());
            //配置 AbilitySlice 路由规则
            requestPermission();
            //申请权限
        }
        //申请多设备协同权限
    private void requestPermission() {
        String permission = ohos.security.SystemPermission.DISTRIBUTED_DATASYNC;
        if (verifySelfPermission(permission) != IBundleManager.PERMISSION_GRANTED) {
    //无权限
            if (canRequestPermission(permission)) {
                requestPermissionsFromUser(new String[]{permission}, PERMISSION_CODE);
    //申请
            }
        }
    }
}
```

（2）config.json 配置文件申请权限。

```
"module": {
    ...
    "reqPermissions": [
    {
      "reason": " $ string:permission_distributed",
      "name": "ohos.permission.DISTRIBUTED_DATASYNC",
      "usedScene":
      {
        "ability": ["com.MainAbility"],
        "when": "always"
      }
    }
    ]
}
```

2．数据库

分布式数据库实现步骤如下。

（1）创建分布式数据库管理器。

```
//定义创建分布式数据库管理器方法
private KvManager createManager() {
    KvManager manager = null;
    try {
        KvManagerConfig config = new KvManagerConfig(this);
        manager = KvManagerFactory.getInstance().createKvManager(config);
        //创建分布式数据库管理器
    } catch (KvStoreException exception) {
        HiLog.info(LABEL_LOG, LOG_FORMAT, TAG, "some exception happen");
    }
```

```
        //报错提示
    return manager;
        //获取创建的分布式数据库管理器
}
```

（2）创建单版本分布式数据库管理器的函数。

```
//定义借助 KvManager 创建单版本分布式数据库的方法
/ * SINGLE_VERSION 单版本分布式数据库是指数据在本地以单个条目为单位的方式保存,每个 key 最
多只保存一个条目项,当数据在本地被用户修改时,不管是否已经被同步,均可直接进行修改。同步
也以此为基础,按照它在本地被写入或更改的顺序,将当前最新一次修改逐条同步至远端设备 * /
private SingleKvStore createDb(KvManager manager) {
    SingleKvStore kvStore = null;
    try {
        Options options = new Options();

options.setCreateIfMissing(true).setEncrypt(false).setKvStoreType(KvStoreType.SINGLE_VERSION);
        kvStore = manager.getKvStore(options, STORE_ID);
        //创建 SINGLE_VERSION 单版本分布式数据库
    } catch (KvStoreException exception) {
        HiLog.info(LABEL_LOG, LOG_FORMAT, TAG, "some exception happen");
    }
    //报错提示
    return kvStore;
    //获取创建的单版本分布式数据库
}
```

（3）创建订阅数据变化所需接口的函数。

```
//KvStoreObserver 接口,用于订阅分布式数据库中的数据变化
private class KvStoreObserverClient implements KvStoreObserver {
    @Override
    //检测到发生变化后执行 onChange 函数
    public void onChange(ChangeNotification notification) {
        getUITaskDispatcher().asyncDispatch(() -> {
            HiLog.info(LABEL_LOG, LOG_FORMAT, TAG, "come to auto sync");
            queryWord();
            //查询单词以进行同步
            ToastUtils.showTips(getContext(), "同步成功", NORMAL_TIP_FLAG);
            //调用弹窗函数提示同步成功
        });
    }
}
```

（4）KvStoreObserver 接口实例化。

```
//构造并注册 KvStoreObserver 实例,订阅数据库所有的数据变化
private void subscribeDb(SingleKvStore kvStore) {
    KvStoreObserver kvStoreObserverClient = new KvStoreObserverClient();
    kvStore.subscribe(SubscribeType.SUBSCRIBE_TYPE_REMOTE, kvStoreObserverClient);
}
```

（5）数据库管理器实例化。

```
//创建数据库管理器相关实例,并完成初始化
private void initDbManager() {
    kvManager = createManager();
    //创建分布式数据库管理器实例 KvManager
    singleKvStore = createDb(kvManager);
    //借助 KvManager 创建 SINGLE_VERSION 单版本分布式数据库实例
    subscribeDb(singleKvStore);
    //注册实例订阅分布式数据库中的数据变化
}
```

（6）分布式数据库的关闭和删除。

```
        //数据库的控制函数,界面销毁
@Override
protected void onStop() {
    super.onStop();
    kvManager.closeKvStore(singleKvStore);
    //如果组网设备间不需要同步数据并且本地也不访问,则可调用 closeKvStore()函数关闭
    //数据库
    kvManager.deleteKvStore(STORE_ID);
    //借助事先定义好的 STORE_ID 参数删除分布式数据库
    }
}
```

3. 数据操作

数据操作相关步骤如下。

（1）数据插入。

```
//将数据写入单版本分布式数据库
private void writeData(String key, String value) {
    if (key == null || key.isEmpty() || value == null || value.isEmpty()) {
        return;
    }
    //构造分布式数据库的 key 值和 value 值
    singleKvStore.putString(key, value);
    //插入数据
    HiLog.info(LABEL_LOG, LOG_FORMAT, TAG, "writeWord key = " + key + " writeWord value = " +
value);
    //打印写入的值
}
    //添加单词
private void addWord() {
    showDialog(null, null, (en, cn) -> {
        writeData(cn, en);
        //调用数据写入函数
        wordArrays.add(new WordStructure(en, cn));
        //将新添加的单词加入单词列表中
        wordAdapter.notifyDataSetItemInserted(wordAdapter.getCount());
        queryWord();
```

```
        //调用查找函数
    });
}
```

（2）数据查询。

```
//根据 key 值查询单词
private void queryWord() {
    List<Entry> entryList = singleKvStore.getEntries("");
    //从 KvStore 获取数据进行查询
    HiLog.info(LABEL_LOG, LOG_FORMAT, TAG, "entryList size" + entryList.size());
    //打印单词列表长度
    wordArrays.clear();
    try {
        for (Entry entry : entryList) {
            wordArrays.add(new WordStructure(entry.getValue().getString(), entry.getKey()));
        }
    } catch (KvStoreException exception) {
        HiLog.info(LABEL_LOG, LOG_FORMAT, TAG, "the value must be String");
    }
    wordAdapter.notifyDataChanged();
    //适配器已知更新
}
```

（3）数据编辑。

```
//编辑按钮触发,信息编辑函数
@Override
public void edit(int position) {
    WordStructure WordStructure = wordArrays.get(position);
    //获取待编辑数据结构
    showDialog(WordStructure.getEn(), WordStructure.getCn(), (en, cn) -> {
        writeData(cn, en);
        //写入编辑数据
        wordArrays.set(position, new WordStructure(en, cn));
        //创建新数据结构
        wordAdapter.notifyDataSetItemChanged(position);
        //检验更新
        queryWord();
    });
}
```

（4）数据删除。

```
//删除按钮触发,信息删除函数
@Override
public void delete(int position) {
    CommonDialog commonDialog = new CommonDialog(this);
    //新建对话框
    commonDialog.setSize(DIALOG_SIZE_WIDTH, DIALOG_SIZE_HEIGHT);
    //设置对话框大小
    commonDialog.setAutoClosable(true);
```

```
        //自动关闭
        //以下设置对话框功能
        commonDialog.setTitleText("警告")
                //设置对话框标题
                .setContentText("确定要删除吗?")
                //设置对话框内容
                .setButton(0, "取消", (iDialog, id) -> iDialog.destroy())
                //取消按钮:若取消则销毁当前对话框;确认按钮:若确认则执行删除函数
                .setButton(1, "确认", (iDialog, id) -> {
                    if (position > wordArrays.size() - 1) {
                        ToastUtils.showTips(getContext(), "要删除的元素不存在", NORMAL_TIP_FLAG);
                        return;
                    }
                    deleteData(wordArrays.get(position).getCn());
                    wordArrays.remove(position);
                    //从单词列表中删除
                    wordAdapter.notifyDataChanged();
                    //检验更新
                    ToastUtils.showTips(getContext(), "删除成功", NORMAL_TIP_FLAG);
                    iDialog.destroy();
                    //删除完成后对话框销毁
                }).show();
    }
    //从单版本分布式数据库删除 kv 数据
    private void deleteData(String key) {
        if (key.isEmpty()) {
            return;
            //无数据则直接返回
        }
        singleKvStore.delete(key);
        HiLog.info(LABEL_LOG, LOG_FORMAT, TAG, "deleteWord key = " + key);
        //打印删除日志
    }
```

4．信息同步

```
//词汇信息同步
private void syncWord() {
    List < DeviceInfo > deviceInfoList = kvManager.getConnectedDevicesInfo(DeviceFilterStrategy.
NO_FILTER);
    //建立设备信息列表
    List < String > deviceIdList = new ArrayList <>(0);
    //建立设备 ID 列表
    for (DeviceInfo deviceInfo : deviceInfoList) {
        deviceIdList.add(deviceInfo.getId());
    }
    //基于设备信息列表得到设备 ID 列表
    HiLog.info(LABEL_LOG, LOG_FORMAT, TAG, "deviceIdList size = " + deviceIdList.size());
    //打印设备 ID 列表大小
    if (deviceIdList.size() == 0) {
        ToastUtils.showTips(getContext(),"组网失败", ERROR_TIP_FLAG);
```

```
        return;
        //设备 ID 列表无设备,组网失败
    }
    singleKvStore.registerSyncCallback(map -> {
        getUITaskDispatcher().asyncDispatch(() -> {
            HiLog.info(LABEL_LOG, LOG_FORMAT, TAG, "sync success");
            queryWord();
            //查询词汇
            ToastUtils.showTips(getContext(), "同步成功", NORMAL_TIP_FLAG);
        });
        singleKvStore.unRegisterSyncCallback();
    });
    singleKvStore.sync(deviceIdList, SyncMode.PUSH_PULL);
    //以数据从本段推送,再从对端拉起的方式进行同步
}
```

文件 1

5．完整代码

程序开发完整代码请扫描二维码文件 1 获取。

1.4　成果展示

　　本项目使用模拟器调试。首先,登录华为账号,在 DevEco Studio 菜单栏中,单击 Tools→ Device Manager,在 Remote Emulator 界面下选择 Super Device 中手机＋手机的模拟器; 然后,单击设备运行按钮,启动超级终端模拟器,如图 1-4 所示。

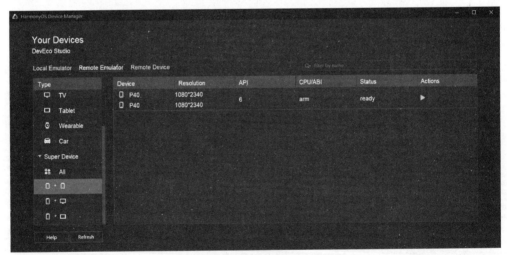

图 1-4　模拟器调试

　　打开 App,多设备协同授权界面如图 1-5 所示。单击始终允许按钮,设备间进行数据交换,完成多设备协同授权,实现分布式组网。

　　授权完成后进入应用初始界面,如图 1-6 所示。

　　单击右上角添加按钮,弹出添加单词的窗口,进行单词/短语的添加,如图 1-7 所示。

图 1-5 多设备协同授权界面

图 1-6 应用初始界面

图 1-7　添加单词界面

完成添加后单击确认按钮,完成在本地的单词/词汇添加,同时组网中的其他设备自动进行数据同步,显示同步成功,如图 1-8 所示。

图 1-8　单词添加完成界面

单击单词的编辑按钮,弹出编辑窗口,文本框底色设置为灰色。可以选择英文或者中文部分进行编辑,如图1-9所示。

图1-9　单词编辑界面

完成编辑后单击确认按钮,同时组网中的其他设备自动进行数据同步,提示同步成功,如图1-10所示。

图1-10　单词编辑完成界面

单词/短语输入框仅允许英语、下画线、短横线、数字和空格字符,若输入其他字符系统会提示格式不正确,如图 1-11 所示。

图 1-11　单词修改窗英文编辑界面

中文释义输入框仅允许中文、数字和空格字符,若输入其他字符系统会提示格式不正确,如图 1-12 所示。

图 1-12　单词修改窗中文编辑界面

单击删除按钮弹出删除警告界面,如图 1-13 所示。

图 1-13 删除警告界面

单击确认按钮,完成在本地的单词/词汇删除,同时组网中的其他设备自动进行数据同步删除,提示同步成功,如图 1-14 所示。

图 1-14 删除完成界面

项目 2　英汉互译

本项目通过鸿蒙系统开发工具 DevEco Studio,基于 Java 开发一款实时翻译 App,实现英汉互译。

2.1　总体设计

本部分包括系统架构和系统流程。

2.1.1　系统架构

系统架构如图 2-1 所示。

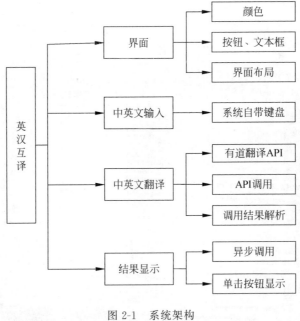

图 2-1　系统架构

2.1.2　系统流程

系统流程如图 2-2 所示。

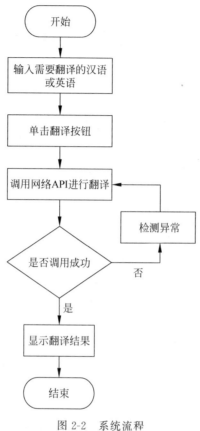

图 2-2　系统流程

2.2　开发工具

本项目使用 DevEco Studio 开发工具,安装过程如下。

(1) 注册开发者账号,完成注册并登录,在官网下载 DevEco Studio 并安装。

(2) 下载并安装 Node.js。

(3) 模板类型选择 Empty Feature Ability,设备类型选择 Phone,语言类型选择 Java,单击 Next 后填写相关信息。

(4) 创建后的应用目录结构如图 2-3 所示。

(5) 在 src/main/java 目录下进行英汉互译的应用开发。

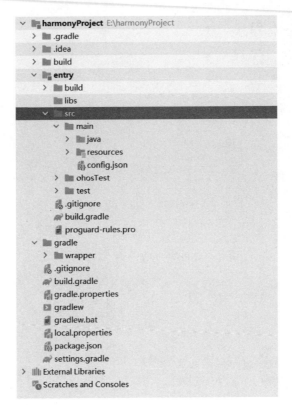

图 2-3　应用目录结构

2.3　开发实现

本部分包括界面设计和程序开发,下面分别给出各模块的功能介绍及相关代码。

2.3.1　界面设计

本部分包括界面开发和完整代码。

1. 界面开发

英汉互译的界面开发步骤如下。

(1) 设置标题。

```
< Text
    ohos:height = "match_content"
    ohos:width = "match_content"
    ohos:background_element = " $ graphic:background_ability_main"
    ohos:layout_alignment = "horizontal_center"
    ohos:text = '及时译'
    ohos:text_size = "60vp"
    />
```

（2）设置输入框。

```
< TextField
        ohos:id = " $ + id:textInput"
        ohos:hint = "请输入你需要翻译的单词"
        ohos:text_alignment = "vertical_center"
        ohos:height = "100vp"
        ohos:width = "300vp"
        ohos:background_element = " $ graphic:TextFieldBg"
        ohos:text_size = "20vp"
        ohos:margin = "20vp"
        ohos:padding = "20vp"
        ohos:multiple_lines = "true"
        />
```

（3）设置翻译按钮，单击时出现翻译结果。

```
< Button
    ohos:id = " $ + id:button1"
    ohos:height = "50vp"
    ohos:width = "180vp"
    ohos:text = "单击翻译"
    ohos:text_size = "30vp"
    ohos:margin = "20vp"
    ohos:padding = "10vp"
    ohos:background_element = " $ graphic:ButtonBg"
    ohos:text_color = " # ffffff"
    />
```

（4）显示翻译结果。

```
< Text
        ohos:id = " $ + id:resultText"
        ohos:height = "match_content"
        ohos:width = "match_content"
        ohos:layout_alignment = "horizontal_center"
        ohos:text = "结果显示"
        ohos:text_size = "40vp"
        ohos:text_color = " # cccccc"
        />
```

2. 完整代码

界面设计完整代码如下。

（1）ability_main.xml 文件。

```
<?xml version = "1.0" encoding = "utf - 8"?>
< DirectionalLayout
    xmlns:ohos = "http://schemas.huawei.com/res/ohos"
    ohos:height = "match_parent"
    ohos:width = "match_parent"
    ohos:alignment = "center"
    ohos:orientation = "vertical"><!-- 背景配置写在 graphic 文件夹下的 XML 文件 -->
```

```
<Text
    ohos:height = "match_content"
    ohos:width = "match_content"
    ohos:background_element = " $ graphic:background_ability_main"
    ohos:layout_alignment = "horizontal_center"
    ohos:text = '及时译'
    ohos:text_size = "60vp"
    />
<!-- hint 为提示文字, multiple-lines 为 true 表示支持多行输入 -->
<TextField
    ohos:id = " $ + id:textInput"
    ohos:hint = "请输入你需要翻译的单词"
    ohos:text_alignment = "vertical_center"
    ohos:height = "100vp"
    ohos:width = "300vp"
    ohos:background_element = " $ graphic:TextFieldBg"
    ohos:text_size = "20vp"
    ohos:margin = "20vp"
    ohos:padding = "20vp"
    ohos:multiple_lines = "true"
    />
<Button
    ohos:id = " $ + id:button1"
    ohos:height = "50vp"
    ohos:width = "180vp"
    ohos:text = "单击翻译"
    ohos:text_size = "30vp"
    ohos:margin = "20vp"
    ohos:padding = "10vp"
    ohos:background_element = " $ graphic:ButtonBg"
    ohos:text_color = " # ffffff"
    />
<Text
    ohos:id = " $ + id:resultText"
    ohos:height = "match_content"
    ohos:width = "match_content"
    ohos:layout_alignment = "horizontal_center"
    ohos:text = "结果显示"
    ohos:text_size = "40vp"
    ohos:text_color = " # cccccc"
    />
<!-- DiretionalLayout 布局, 所以上述组件从上至下依次排列 -->
</DirectionalLayout>
```

（2）TextFieldBg. xml 文件，该文件设置输入框的背景。

```
<?xml version = "1.0" encoding = "UTF-8" ?>
<shape xmlns:ohos = "http://schemas.huawei.com/res/ohos"
    ohos:shape = "rectangle">
    <corners
        ohos:radius = "40"/>
```

```
    < solid
        ohos:color = "#ccccff"/>
</shape>
```

（3）ButtonBg.xml 文件，该文件设置按钮形式。

```
<?xml version = "1.0" encoding = "utf-8"?>
< shape xmlns:ohos = "http://schemas.huawei.com/res/ohos"
        ohos:shape = "rectangle">
    < corners
        ohos:radius = "50"/>
    < solid
        ohos:color = "#99cc99"/>
</shape>
```

2.3.2 程序开发

本部分包括变量定义、按钮单击事件处理、权限申请、调用 API、异步调用、解析 API 调用结果和完整代码。

1. 变量定义

对变量进行定义，并指向各组件，相关代码如下。

```
private TextField textInput;
private Button button1;
private Text resultText;
private Context context;
@Override
public void onStart(Intent intent) {                //工作线程
    super.onStart(intent);
    super.setUIContent(ResourceTable.Layout_ability_main);
    textInput = (TextField) findComponentById(ResourceTable.Id_textInput);
    button1 = (Button) findComponentById(ResourceTable.Id_button1);
    resultText = (Text) findComponentById(ResourceTable.Id_resultText);
}
```

2. 按钮单击事件处理

当单击按钮后需要调用 API 翻译用户在文本框输入的内容，并显示结果，相关代码如下。

```
button1.setClickedListener(new Component.ClickedListener() {
    @Override
    public void onClick(Component component) {
        String inputWord = textInput.getText();
        HiLog.info(LOG_LABEL, inputWord);                //打印用户输入内容
        //doTranslate(inputWord);
        TaskDispatcher taskDispatcher = getGlobalTaskDispatcher(TaskPriority.DEFAULT);
        taskDispatcher.asyncDispatch(new Runnable() {
            @Override
            public void run() {
```

```
                    String result = doTranslate(inputWord);
                    //调用 doTranslate 时得到翻译的结果
                    InnerEvent evt = InnerEvent.get(1);
                    evt.object = result;
                    eventHandler.sendEvent(evt);
                }
            });
        }
    });
```

3. 权限申请

在 config.json 文件下的 defPermissions 字段中自定义所需的权限,相关代码如下。

```json
"module": {
  "package": "com.example.translation",
  "name": ".MyApplication",
  "mainAbility": "com.example.translation.MainAbility",
  "deviceType": [
    "phone"
  ],
  "reqPermissions": [
    {
      "name": "ohos.permission.INTERNET",
      "reason": "访问翻译 API",
      "usedScene": {
        "ability": [
          "com.example.translation.MainAbility"
        ],
        "when": "always"
      }
    },{
      "name": "ohos.permission.GET_NETWORK_INFO",
      "reason": "访问翻译 API",
      "usedScene": {
        "ability": [
          "com.example.translation.MainAbility"
        ],
        "when": "always"
      }
    }
  ],
  "distro": {
    "deliveryWithInstall": true,
    "moduleName": "entry",
    "moduleType": "entry",
    "installationFree": false
  },
  "abilities": [
    {
      "skills": [
```

```
    {
      "entities": [
        "entity.system.home"
      ],
      "actions": [
        "action.system.home"
      ]
    }
  ],
  "orientation": "unspecified",
  "visible": true,
  "name": "com.example.translation.MainAbility",
  "icon": "$media:icon",
  "description": "$string:mainability_description",
  "label": "$string:entry_MainAbility",
  "type": "page",
  "launchType": "standard"
    }
  ]
}
```

4. 调用 API

打开 URL 链接步骤如下：调用 NetManager.getDefaultNet()获取默认的数据网络；调用 NetHandle.openConnection()打开一个 URL；调用 NetManager.getInstance(Context)获取网络管理的实例对象。通过 URL 链接实例访问网站，相关代码如下。

```
private String doTranslate(String word) {        //接收 word 类型的参数
    NetManager netManager = NetManager.getInstance(context);
    //获取网络管理的实例对象      if (!netManager.hasDefaultNet()) {
        return "";
    }
    NetHandle netHandle = netManager.getDefaultNet();
    String resText = "";
    //可以获取网络状态的变化
    //通过 openConnection 获取 URLConnection
    HttpURLConnection connection = null;
    try { String urlString = String.format("https://fanyi.youdao.com/translate?&doctype=
json&type=AUTO&i=%s",word);                //根据实际情况自定义 EXAMPLE_URL
        URL url = new URL(urlString);
        URLConnection urlConnection = netHandle.openConnection(url,
        //创建 URL 链接
                java.net.Proxy.NO_PROXY);
        if (urlConnection instanceof HttpURLConnection) {
            connection = (HttpURLConnection) urlConnection;
        }
        connection.setRequestMethod("GET");
        connection.connect();
        //进行 URL 的其他操作
        InputStream in = connection.getInputStream();
```

```
                    //对获取到的输入流进行读取
                    BufferedReader reader = new BufferedReader(new InputStreamReader(in));
                    StringBuilder response = new StringBuilder();
                    String line;
        while((line = reader.readLine())!= null){
                    response.append(line);
                }
            HiLog.info(LOG_LABEL, response.toString());
            resText = response.toString();
        } catch(IOException e) {
            e.printStackTrace();                    //异常捕捉
        } catch(Throwable throwable){
            throwable.printStackTrace();            //捕捉所有异常
        }
        finally { if (connection != null){
                connection.disconnect();
            }
        }
        return paraseTranslationResult(resText);
    }
```

5. 异步调用

通过 EventRunner 创建新线程,将耗时的操作放到新线程上执行,目的是不阻塞原来的线程,相关代码如下。

```
class XEventHandler extends EventHandler{          //定义内部类,从 EventHandler 派生
        public XEventHandler(EventRunner runner) throws IllegalArgumentException {
            super(runner);
        }
        @Override
        protected void processEvent(InnerEvent event){
            super.processEvent(event);
            switch (event.eventId){
                case 1:
                    String result = (String) event.object;
                    resultText.setText(result);
                    break;
                default:
                    break;
            }
        }
    }
    private EventRunner eventRunner;                //定义一个 eventRunner 的变量
    private EventHandler eventHandler;              //定义一个 eventHandler 的变量
//EventHandler 投递具体的 InnerEvent 事件或 Runnable 任务到 EventRunner 创建的线程事件队列
```

6. 解析 API 调用结果

通过 API 调用得到的数据是 Json 格式,需要将其转换为可以显示在界面上的结果,相关代码如下。

```
private String paraseTranslationResult(String transApiResponseText){
    String result = "";
    JsonElement jsonElement = JsonParser.parseString(transApiResponseText);
    //对整个 Json 文本进行解析
    JsonObject jsonObject = jsonElement.getAsJsonObject();
    int errorCode = jsonObject.get("errorCode").getAsInt();
    JsonArray translateResult = jsonObject.get("translateResult").getAsJsonArray();
    JsonObject jsonObject1 = translateResult.get(0).getAsJsonArray().get(0).getAsJsonObject();
    result = jsonObject1.get("tgt").getAsString();
    return result;
}
```

7. 完整代码

程序开发完整代码请扫描二维码文件 2 获取。

文件 2

2.4 成果展示

打开 App,应用初始界面如图 2-4 所示。

在输入框输入需要翻译的中文或英文,单击翻译按钮,得到翻译结果,如图 2-5 和图 2-6 所示。

图 2-4 应用初始界面

图 2-5 输入英文界面

图 2-6 输入中文界面

项目 3　电 子 词 典

本项目通过鸿蒙系统开发工具 DevEco Studio，基于 Java 开发一款 SQLite 的跨设备电子词典，实现对用户输入的单词在线翻译。

3.1　总体设计

本部分包括系统架构和系统流程。

3.1.1　系统架构

系统架构如图 3-1 所示。

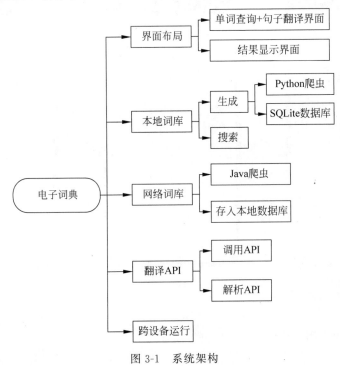

图 3-1　系统架构

3.1.2　系统流程

系统流程如图 3-2 所示。

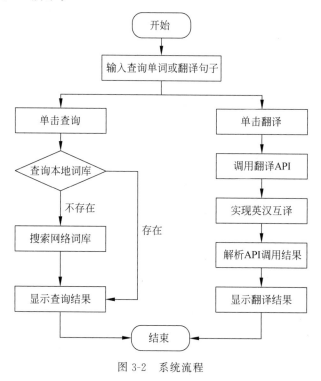

图 3-2　系统流程

为提高搜索效率,使用 Python 爬取(requests 库)部分高频词汇保存在本地 SQLite 数据库中,生成本地词库。

用户查询单词时,先查询本地词库,若存在,直接显示查询结果;若不存在,则使用 Java 爬虫(Jsoup 库),进行网络词库的搜索与显示。

用户翻译句子时,调用有道翻译 API,自动检测语言实现英汉互译,使用 Google 开发的 Gson 库解析 API 调用结果并显示翻译。

3.2　开发工具

本项目使用 DevEco Studio 开发工具,安装过程如下。

(1) 注册开发者账号,完成注册并登录。在官网下载 DevEco Studio 并安装。

(2) 模板类型选择 Empty Ability,设备类型选择 Tablet,语言类型选择 Java,单击 Next 后填写相关信息。

(3) 创建后的应用目录结构如图 3-3 所示。

(4) 在 src/main/java 目录下进行基于 SQLite 跨设备电子词典的应用开发。

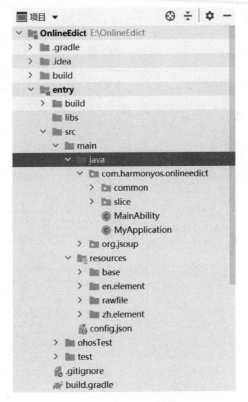

图 3-3　应用目录结构

3.3　开发实现

本部分包括界面设计和程序开发,下面分别给出各模块的功能介绍及相关代码。

3.3.1　界面设计

本部分包括图片导入、界面布局和完整代码。

1. 图片导入

将选好的图片导入 project 中,图片文件(. png 格式)保存在 src/main/resources/base/media 文件夹下,如图 3-4 所示。

2. 界面布局

本项目基于 SQLite 跨设备电子词典的界面布局如下。

1) 主界面(ability_main_tablet. xml)

主界面由名言警句、翻译图标、输入文本框、查询图标、书籍图片和翻译结果文本显示(隐藏)组件构成。

(1) 名言警句:由水平布局的 Image 元素(study. png)和 Text 元素组成。

（2）翻译图标：由 Image 元素（translation. png）组成。

（3）输入文本框：由 TextField 元素组成，其中 TextField 元素以 border. xml 为边框。

（4）查询图标：由 Image 元素（search. png）组成。

（5）书籍图片：由 Image 元素（image. png）组成。

（6）翻译结果文本显示：由隐藏的 Text 元素组成，其中 Text 元素以 trans_border. xml 为边框。

2）本地词库结果显示界面（tablet_search_result. xml）

本地词库结果显示界面由名言警句、词库提示和查询结果文本显示组件构成。

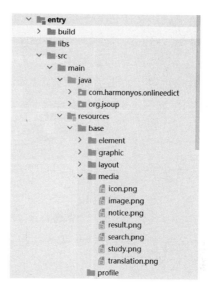

图 3-4 图片导入

（1）名言警句：由水平布局的 Image 元素（result. png）和 Text 元素组成。

（2）词库提示：由水平布局的 Image 元素（notice. png）和 Text 元素组成。

（3）查询结果文本显示：由 Text 元素组成。

3）网络词库结果显示界面（tablet_search_webresult. xml）

网络词库结果显示界面由名言警句、词库提示和查询结果文本显示组件构成。

（1）名言警句：由水平布局的 Image 元素（result. png）和 Text 元素组成。

（2）词库提示：由水平布局的 Image 元素（notice. png）和 Text 元素组成。

（3）查询结果文本显示：由 Text 元素组成。

4）手表输入查询单词的主界面（ability_main_wearable. xml）

手表输入查询单词的主界面由名言警句、输入文本框和查询图标组件构成。

（1）名言警句：由竖直布局的 Image 元素（study. png）和 Text 元素组成。

（2）输入文本框：由 TextField 元素组成，其中 TextField 元素以 border. xml 为边框。

（3）查询图标：由 Image 元素（search. png）组成。

5）手表查询单词的结果显示界面（wearable_search_result. xml）

手表查询单词的结果显示界面由名言警句和查询结果文本显示组件构成。

（1）名言警句：由竖直布局的 Image 元素（result. png）和 Text 元素组成。

（2）查询结果文本显示：由 Text 元素组成。

3. 完整代码

界面设计完整代码请扫描二维码文件 3 获取。

文件 3

3.3.2 程序开发

本部分包括生成本地词库、提取 HAP 私有路径下的本地词库、响应查询按钮和翻译按钮单击事件、搜索本地词库、解析网络词库数据、异步搜索网络词库、跳转查询单词结果显示界面、访问翻译 API、异步调用翻译 API、解析 API 调用结果、跨设备运行和完整代码。

（1）生成本地词库（word.py）。使用Python从中国教育在线官网爬取英语四级考试词汇手册，作为查询单词操作中的高频词汇，存储在dict.sqlite数据库中（存储形式为单词、词性、词义），如图3-5所示。并将此数据库导入project的entry/src/main/resources/rawfile目录作为初始化本地词库，如图3-6所示。

	id	word	type	meanings
	过滤	过滤	过滤	过滤
1	1	a	art.	一（个）；每一（个）
2	2	abandon	vt.	丢弃；放弃，抛弃
3	3	ability	n.	能力；能耐，本领
4	4	able	a.	有能力的；出色的
5	5	abnormal	a.	不正常的；变态的
6	6	aboard	ad.	在船（车）上；上船
7	7	about	prep.	关于；在…周围
8	8	above	prep.	在…上面；高于
9	9	abroad	ad.	（在）国外；到处
10	10	absence	n.	缺席，不在场；缺乏
11	11	absent	a.	不在场的；缺乏的
12	12	absolute	a.	绝对的；纯粹的
13	13	absolutely	ad.	完全地；绝对地
14	14	absorb	vt.	吸收；使专心
15	15	abstract	a.	抽象的
16	16	abstract	n.	摘要
17	17	abundant	a.	丰富的；大量的
18	18	abuse	vt.	滥用；虐待
19	19	abuse	n.	滥用
20	20	academic	a.	学院的；学术的
21	21	academy	n.	私立中学；专科院校
22	22	accelerate	vt.	（使）加快，促进

图 3-5　SQLite 数据库

（2）提取HAP私有路径下的本地词库（MyDict.java＋MainAbilitySlice.java）。在project中entry/src/main/java/com目录下新建common包，处理查询单词相关操作。在common包内新建MyDict类，读取本地词库SQLite文件。

关键代码包括MyDict构造方法（初始化数据库路径DBPath和字典路径dictPath）及读取数据方法（读取dict.sqlite文件的字节流并以4KB大小依次输出），相关代码如下。

```java
public MyDict(AbilityContext context) {
    this.context = context;
    dictPath = new File(context.getDataDir().
toString() + "/MainAbility/databases/db");
    if(!dictPath.exists()){
        dictPath.mkdirs();
    }
}
```

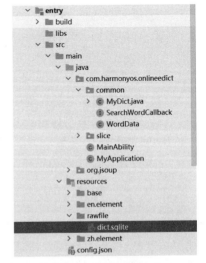

图 3-6　数据库导入

```
        dbPath = new File(Paths.get(dictPath.toString(),"dict.sqlite").toString());
    }
    private void extractDB() throws IOException {
        //读取 dict.sqlite 文件的字节流
        Resource resource = context.getResourceManager().getRawFileEntry("resources/rawfile/
dict.sqlite").openRawFile();
        if(dbPath.exists()) {
            dbPath.delete();
        } //每次需复制一遍
          //输出
        FileOutputStream fos = new FileOutputStream(dbPath);
        byte[] buffer = new byte[4096];                        //每次读取 4KB
        int count = 0;
        while((count = resource.read(buffer)) >= 0) {
            fos.write(buffer,0,count);
        }
        resource.close();
        fos.close();
    }
```

在 MainAbilitySlice.java 中声明 MyDict 类型的成员变量,并进行初始化。

```
myDict = new MyDict(this);
try {
    myDict.init();
}catch (IOException e) {
    terminateAbility();
}
```

(3) 响应查询按钮和翻译按钮单击事件(MainAbilitySlice.java)。在 MainAbilitySlice.java
中将查询按钮和翻译按钮均设置为可单击,并定义相关接听器。

```
imageSearch.setClickable(true);
imageSearch.setClickedListener(new Component.ClickedListener() {
...});
transresult.setClickable(true);
transresult.setClickedListener(new Component.ClickedListener() {
...});
```

(4) 搜索本地词库(WordData.java＋MyDict.java＋MainAbilitySlice.java)。在 common
包中新建 WordData 类,并定义词性和词义两个 String 类型的变量。

```
public class WordData {
    public String type;                        //词性
    public String meanings;                    //词义
}
```

通过 MyDict.java 使用鸿蒙关系数据库 RDBStore,配置相关路径并初始化回调方法。
在初始化方法中读取数据,打开本地词库(SQLite 数据库)。

```
private RdbStore store;                        //数据库引擎
private StoreConfig config = StoreConfig.newDefaultConfig("dict.sqlite");
```

```
//数据库路径
private static final RdbOpenCallback callback = new RdbOpenCallback() {
    @Override
    public void onCreate(RdbStore rdbStore) {
    }
    @Override
    public void onUpgrade(RdbStore rdbStore, int i, int i1) {
    }
};                                              //回调
public void init() throws IOException {
    extractDB();
    //打开数据库
    DatabaseHelper helper = new DatabaseHelper(context);
    store = helper.getRdbStore(config, 1, callback, null);
}
```

首先,在MyDict.java中定义搜索本地词库的方法,返回WordData类型的数组列表。其次,进行大小写转换,确保搜索关键词为小写单词。最后,执行用于查询操作的SQL语句,查询单词对应的词性和词义,保存在WordData数组列表中进行返回。

```
public ArrayList<WordData> searchLocalDict(String word) {
    word = word.toLowerCase();                  //转换为小写字母
    String[] args = new String[]{word};         //当前要查询的单词
    ResultSet resultSet = store.querySql("select * from words where word=?", args);
                                                //返回值
    ArrayList<WordData> result = new ArrayList<>();
    while (resultSet.goToNextRow()) {           //逐条读入
        WordData wordData = new WordData();
        wordData.type = resultSet.getString(2);     //获取type的值
        wordData.meanings = resultSet.getString(3); //获取中文解释
        result.add(wordData);
    }
    resultSet.close();                          //关闭数据库
    return result;
}
```

在MainAbilitySlice.java中查询按钮的接听器内,调用searchLocalDict方法并输入框内TextField对象的文本内容,根据返回结果判断直接显示操作或继续搜索网络词库。

```
imageSearch.setClickedListener(new Component.ClickedListener() {
    @Override
    public void onClick(Component component) {
        ArrayList<WordData> result = myDict.searchLocalDict(textfieldWord.getText());
        if(result.size() > 0) {                 //查询到结果
                showSearchResult(result, 1);
        } else {
        ...}
    }
});
```

(5)解析网络词库数据(SearchWordCallback.java+MyDict.java)。鸿蒙开发工具要

求访问网络必须在非界面线程(非主线程)中进行操作,并且异步进行。在 common 包中创建 SearchWordCallback 接口用来接收异步搜索的单词结果。

```java
public interface SearchWordCallback {
    //定义列表接收搜索结果
    void onResult(List < WordData > result);
}
```

在 MyDict 类中定义异步搜索网络词库的方法,利用上述接口回调查询结果。首先,进行大小写转换,确保搜索关键词为小写单词。然后,使用 MyDict 中异步搜索的封装类开始线程。

```java
public void searchWebDict(String word, SearchWordCallback callback) {
    word = word.toLowerCase();                          //转换为小写字母
    //异步搜索
    new AsyncSearchWord(word,store,callback).start();  //开启线程
}
```

首先,在继承 Thread 的 AsyncSearchWord 类中编写构造方法,初始化查询单词、存储数据库、回调三个变量。其次,重写 run 方法,解析 HTML 的 Java 开源工具——Jsoup 库。最后,将其源码直接导入 project 中,保存在 entry/src/main/java/org/jsoup 文件夹下,如图 3-7 所示。

(6)异步搜索网络词库(MyDict. java)。在 AsyncSearchWord 类的 run 中,使用 Jsoup 库的 connect 方法访问相应 URL,得到 HTML 形式的搜索结果。通过解析网页标签,获取每个词性及其对应的词义,以 WordData 类型进行存储并添加在列表中。解析完毕后将网络词库中的单词信息使用 SQL 语句保存在本地词库,最后定义有关回调。

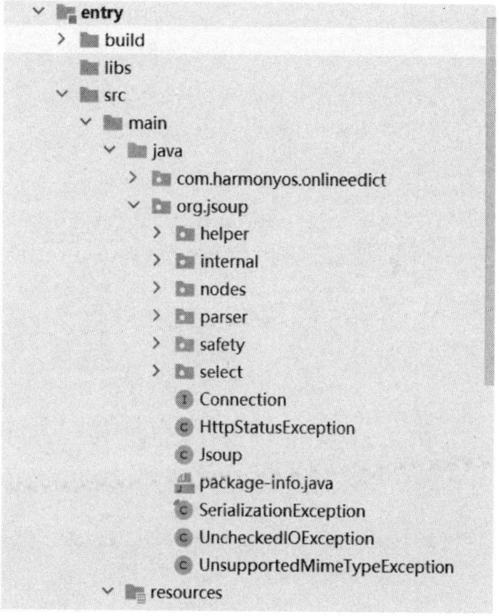

图 3-7 Jsoup 库导入

```java
@Override
public void run() {
    try {
        //获取搜索结果(HTML 形式)
        Document doc = Jsoup.connect("https://www.iciba.com/word?w = " + word).get();
                                                //通过 HTTPS 协议获取 Web 数据
        Elements ulElements = doc.getElementsByClass("Mean_part__UI9M6");
        //将网络单词信息保存在本地的 SQL 语句
        String insertSQL = "insert into words(word, type, meanings) values(?,?,?);";
        List < WordData > wordDataList = new ArrayList <>(); //创建 List 对象
        for (Element ulElement: ulElements) {
            //获取单词的每个词性和对应词义
```

```
                    Elements liElements = ulElement.getElementsByTag("li");
                    //对每个词性进行迭代
                    for (Element liElement:liElements) {
                        WordData wordData = new WordData();
                        //获取词性
                        Elements iElements = liElement.getElementsByTag("i");
                        for (Element iElement:iElements) {
                            //获取当前词性
                            wordData.type = iElement.text();
                            break;
                        }
                        //获取词义
                        Elements divElements = liElement.getElementsByTag("div");
                        for (Element divElement:divElements) {
                            //获取当前词义
                            wordData.meanings = divElement.text();
                            break;
                        }
                        wordDataList.add(wordData);
                        //将数据保存在本地数据库
                        store.executeSql(insertSQL,new String[]{word,wordData.type,wordData.meanings});
                    }
                    break;
                }
                if (callback != null) {
                    callback.onResult(wordDataList);
                }                                              //回调
            } catch (Exception e) {
            }
        }
```

在 MainAbilitySlice.java 中编写内部类 SearchWordCallbackImpl，实现上述定义的 SearchWordCallback 接口。其中需要实现 onResult 方法，进行搜索结果的展示。

```
private class SearchWordCallbackImpl implements SearchWordCallback {
    @Override
    public void onResult(List<WordData> result) {
        showSearchResult(result, 2);
    }
}
```

实现上述查询按钮的接听器时，若本地词库搜索结果为空，调用 searchWebDict 方法进行网络词库的搜索。

```
myDict.searchWebDict(textfieldWord.getText(),new SearchWordCallbackImpl());
```

此处搜索网络词库需要访问权限，在 config.json 的 module 中增加请求权限。

```
"reqPermissions": [
  {
    "name": "ohos.permission.INTERNET",
```

```
            "reason": "internet",
            "usedScene": {
              "ability": ["com.harmonyos.onlineedict.MainAbility"],
              "when": "always"
            }
          }
        ],
```

（7）跳转查询单词结果显示界面（TabletSearchResultAbilitySlice. java＋TabletSearchResult-WebAbilitySlice. java＋MainAbilitySlice. java）。在 Slice 包中新建 TabletSearchResultAbilitySlice 类和 TabletSearchResultWebAbilitySlice 类，分别用于本地词库和网络词库的查询单词结果显示，各自在类中重现 onStart 方法。首先，将界面分别设置为 tablet_search_result. xml 和 tablet_search_webresult. xml，并将搜索结果文本清空。其次，通过 Intent 变量传递内容，获取单词的词性和词义。最后，通过 for 循环进行输出显示。

```java
public class TabletSearchResultAbilitySlice extends AbilitySlice {
    private Text textSearchResult;
    @Override
    public void onStart(Intent intent) {
        super.onStart(intent);
        super.setUIContent(ResourceTable.Layout_tablet_search_result);
        textSearchResult = (Text)findComponentById(ResourceTable.Id_text_search_result);
        if (textSearchResult != null) {
            textSearchResult.setText("");                    //清空
            //获取词性
            ArrayList < String > typeList = intent.getStringArrayListParam("typeList");
            //获取词义
            ArrayList < String > meaningList = intent.getStringArrayListParam("meaningList");
            for (int i = 0; i < typeList.size(); i++) {
                textSearchResult.append(typeList.get(i) + " " + meaningList.get(i) + "\r\n");
            }
            if (typeList.size() == 0) {                     //未搜索到数据
                textSearchResult.setText("当前单词无查询结果,请检查输入!");
            }
        }
    }
}
public class TabletSearchResultWebAbilitySlice extends AbilitySlice {
    private Text textSearchResult;
    @Override
    public void onStart(Intent intent) {
        super.onStart(intent);
        super.setUIContent(ResourceTable.Layout_tablet_search_webresult);
        textSearchResult = (Text)findComponentById(ResourceTable.Id_text_search_result);
        if (textSearchResult != null) {
            textSearchResult.setText("");                    //清空
            //获取词性
            ArrayList < String > typeList = intent.getStringArrayListParam("typeList");
            //获取词义
```

```
        ArrayList < String > meaningList = intent.getStringArrayListParam("meaningList");
        for (int i = 0; i < typeList.size(); i++) {
            textSearchResult.append(typeList.get(i) + " " + meaningList.get(i) + "\r\n");
        }
        if (typeList.size() == 0) {                      //未搜索到数据
            textSearchResult.setText("当前单词无查询结果,请检查输入!");
        }
    }
  }
}
```

在 MainAbilitySlice. java 中编写通用的查询结果显示方法 showSearchResult。首先,定义 Intent 类型的变量用于传递当前数据到新的 Slice。其次,将词性词义分别添加到对应 String 类型的数组列表中进行传递。最后,根据参数 i 判断传递到本地词库或网络词库对应的 Slice。

```
public void showSearchResult(List < WordData > result, int i) {
    Intent intent = new Intent();                        //传递当前数据到新的 Slice
    ArrayList < String > typeList = new ArrayList <>();   //词性列表
    ArrayList < String > meaningList = new ArrayList <>();//词义列表
    for (WordData wordData:result) {
        typeList.add(wordData.type);                     //添加词性
        meaningList.add(wordData.meanings);              //添加词义
    }
    intent.setStringArrayListParam("typeList", typeList);
    intent.setStringArrayListParam("meaningList", meaningList);
    if (i == 1){
        present(new TabletSearchResultAbilitySlice(), intent);
    }
    else if (i == 2){
        present(new TabletSearchResultWebAbilitySlice(), intent);
    }
}
```

(8) 访问翻译 API(MainAbilitySlice. java)。本项目的翻译功能选择有道翻译平台,调用翻译 API 时同样需要请求网络权限,分别在 config. json 中增加获取网络连接信息的 ohos. permission. GET_NETWORK_INFO 权限和允许程序打开网络套接字、进行网络连接的 ohos. permission. INTERNET 权限。

```
"reqPermissions": [
  {
    "name": "ohos. permission. INTERNET",
    "reason": "internet",
    "usedScene": {
      "ability": ["com. harmonyos. onlineedict. MainAbility"],
      "when": "always"
    }
  },
  {
```

```
    "name": "ohos.permission.GET_NETWORK_INFO",
    "reason": "访问翻译 API",
    "usedScene": {
      "ability": ["com.harmonyos.onlineedict.MainAbility"],
      "when": "always"
    }
  }
],
```

在 MainAbilitySlice. java 中编写私有方法 selfTranslate,使用当前网络打开 URL 链接。首先,调用 NetManager. getInstance(Context)获取网络管理的实例对象和 NetManager. getDefaultNet()获取默认的数据网络,同时,检查是否存在缺省异常。其次,调用 NetHandle. openConnection()打开 URL 链接,使用 GET 方法,通过 URL 链接实例访问网站。访问成功后,通过 InputStream 获取 HTTP,对请求返回的内容和 BufferedReader 获取到的输入流进行读取,存储到 StringBuilder 文件中。

```java
private String selfTranslate(String word) {
    NetManager netManager = NetManager.getInstance(null);
    if (!netManager.hasDefaultNet()) {
        return "";
    } //检查是否存在缺省异常
    NetHandle netHandle = netManager.getDefaultNet();
    //可以获取网络状态的变化
    //NetStatusCallback callback = new NetStatusCallback() {
    //重写需要获取网络状态变化的 override 函数
    };
    //netManager.addDefaultNetStatusCallback(callback);
    String resText = "";
    //通过 openConnection 获取 URLConnection
    HttpURLConnection connection = null;
    try { String urlString = String.format("https://fanyi.youdao.com/translate?&doctype =
json&type = AUTO&i = % s", word);
        URL url = new URL(urlString);
        URLConnection urlConnection = netHandle.openConnection(url,
                java.net.Proxy.NO_PROXY);
        if (urlConnection instanceof HttpURLConnection) {
            connection = (HttpURLConnection) urlConnection;
        }
        connection.setRequestMethod("GET");
        connection.connect();
        //可进行 URL 的其他操作
        InputStream in = connection.getInputStream();
        //对获取到的输入流进行读取
        BufferedReader reader = new BufferedReader(new InputStreamReader(in));
        StringBuilder response = new StringBuilder();
        String line;     while ((line = reader.readLine()) != null) {
            response.append(line);
        }
        HiLog.info(LOG_LABEL, response.toString());
```

```
            resText = response.toString();
        } catch(IOException e) {
            e.printStackTrace();
        } catch (Throwable throwable) {
            throwable.printStackTrace();
        } finally {     if (connection != null){
            connection.disconnect();
        }
    }
    return parseResult(resText);
}
```

完善上述翻译按钮的接听器功能，当单击翻译按钮时隐藏书籍图片、显示搜索结果，并用 String 类型的变量 query 存储输入框内 TextField 对象的文本内容。

```
transresult.setClickedListener(new Component.ClickedListener() {
    @Override
    public void onClick(Component component) {
        image.setVisibility(Component.HIDE);                  //搜索后隐藏书籍图片
        textSearchResult.setVisibility(Component.VISIBLE);  //显示搜索结果
        String query = textfieldWord.getText();
        HiLog.info(LOG_LABEL, query);
    }
});
```

（9）异步调用翻译 API（MainAbilitySlice.java）。在上述翻译按钮的接听器实现中使用任务分发器 TaskDispatcher 接口，选择全局并发任务分发器 GlobalTaskDispatcher 进行异步派发任务 asyncDispatch。

```
TaskDispatcher taskDispatcher = getGlobalTaskDispatcher(TaskPriority.DEFAULT);
taskDispatcher.asyncDispatch(new Runnable() {
    @Override
    public void run() {
    }
});
```

使用 EventHandler 机制处理线程间通信，用户在当前线程上投递 InnerEvent 事件到异步线程上处理。每个 EventHandler 和指定的 EventRunner 事件循环器所创建的新线程绑定，并且该新线程内部有一个事件队列。EventHandler 可以投递指定的 InnerEvent 事件到它的事件队列。EventRunner 从事件队列里循环取出事件，通过所在线程执行 processEvent 回调。

创建 EventHandler 的子类——selfEventHandler 内部类，在子类中重写实现方法 processEvent 来处理事件。判断 eventId，进行对应事件的处理操作（取出 InnerEvent 事件参数，将调用翻译 API 的返回结果显示输出）。

```
class selfEventHandler extends EventHandler {
    public selfEventHandler(EventRunner runner) throws IllegalArgumentException {
        super(runner);
    }
    @Override
```

```
protected void processEvent(InnerEvent event) {
    super.processEvent(event);
    switch (event.eventId){
        case 1:
            String result = (String)event.object;
            transResulttext.setText(result);
            break;
        default:
            break;
    }
}
```

重写异步派发任务 run 的方法,将调用 selfTranslate 方法得到的返回值定义为 InnerEvent 事件的 object,并通过 EventHandler 投递 InnerEvent 事件。在翻译按钮的接听器实现完成后,通过 EventRunner 得到主线程,提交给 EventHandler 机制处理。

```
if(transresult != null){
    transresult.setClickable(true);
    transresult.setClickedListener(new Component.ClickedListener() {
        @Override
        public void onClick(Component component) {
            image.setVisibility(Component.HIDE);              //翻译后隐藏书籍图片
            textSearchResult.setVisibility(Component.VISIBLE);  //显示翻译结果
            String query = textfieldWord.getText();
            HiLog.info(LOG_LABEL, query);
            //selfTranslate(query);
            TaskDispatcher taskDispatcher = getGlobalTaskDispatcher(TaskPriority.DEFAULT);
            taskDispatcher.asyncDispatch(new Runnable() {
                @Override
                public void run() {
                    String result = selfTranslate(query);
                    InnerEvent evt = InnerEvent.get(1);
                    evt.object = result;
                    eventHandler.sendEvent(evt);
                }
            });
        }
    });
    //present(new TabletTransAbilitySlice(), intent);
    eventRunner = EventRunner.getMainEventRunner();              //得到主线程
    eventHandler = new selfEventHandler(eventRunner);
}
```

(10) 解析 API 调用结果(build.gradle＋MainAbilitySlice.java)。调用翻译 API 的返回结果是 Json 类型的数据,本项目使用 Google 开发的 Gson 库进行解析。需要在 entry 目录下的 build.gradle 中增加外部依赖,引入外部 Gson 库,文件位置如图 3-8 所示。

```
dependencies {
    implementation fileTree(dir: 'libs', include: ['*.jar', '*.har'])
    testImplementation 'junit:junit:4.13'
```

```
ohosTestImplementation 'com.huawei.ohos.testkit:runner:1.0.0.100'
implementation 'com.google.code.gson:gson:2.8.6'
}
```

增加外部依赖后及时进行项目同步,便可找到导入的外部库,如图 3-9 所示。

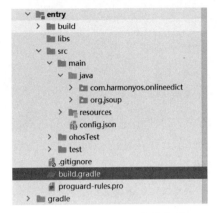

图 3-8　build.gradle 文件位置

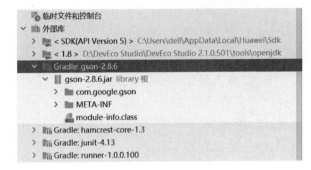

图 3-9　外部库

在 MainAbilitySlice.java 中编写私有方法 parseResult,用来解析 API 调用结果。首先,调用 JsonParser 类的 parseString 静态方法,并得到其中 JsonObject 对象。然后,通过对 JsonObject 进行结构分析,解析出在 tgt 标签下的翻译结果。

```
private String parseResult(String transApiResponseText) {
    String result = "";
    JsonElement jsonElement = JsonParser.parseString(transApiResponseText);
    JsonObject jsonObject = jsonElement.getAsJsonObject();
    int errorCode = jsonObject.get("errorCode").getAsInt();
    //if(errorCode != 0)
        //throw new Exception("");
    JsonArray translateResult = jsonObject.get("translateResult").getAsJsonArray();
    JsonObject jsonObject1 = translateResult.get(0).getAsJsonArray().get(0).getAsJsonObject();
    result = jsonObject1.get("tgt").getAsString();
    return result;
}
```

(11) 跨设备运行(config.json＋MainAbilitySlice.java)。考虑在线电子词典 App 的实际应用场景,设计在常用电子产品平板和便携式移动设备手表上运行。同时,考虑到界面大小局限性,仅在手表上实现查询单词功能。

在 config.json 中对设备类型进行扩展,便于项目跨设备运行。

```
"deviceType": [
  "tv",
  "wearable",
  "tablet",
  "phone"
],
```

在 MainAbilitySlice.java 的主线程 onStrat 方法中判断设备类型,加载对应的界面布局。

```
@Override
public void onStart(Intent intent) {
    super.onStart(intent);
    //判断设备类型
    if (DeviceInfo.getDeviceType().equals("wearable")) {
        super.setUIContent(ResourceTable.Layout_ability_main_wearable);
    } else if (DeviceInfo.getDeviceType().equals("tablet")) {
        super.setUIContent(ResourceTable.Layout_ability_main_tablet);
    } else {
        super.setUIContent(ResourceTable.Layout_ability_main);
    }
    ...
}
```

在 Slice 包中新建 WearableSearchResultAbilitySlice 类,在类中重现 onStart 方法。首先,将界面设置为 wearable_search_result.xml,并将搜索结果文本清空。其次,通过 Intent 变量传递,获取单词的词性和词义。最后,通过 for 循环进行输出显示。

```
public class WearableSearchResultAbilitySlice extends AbilitySlice {
    private Text textSearchResult;
    @Override
    public void onStart(Intent intent) {
        super.onStart(intent);
        super.setUIContent(ResourceTable.Layout_wearable_search_result);
        textSearchResult = (Text)findComponentById(ResourceTable.Id_text_search_result);
if (textSearchResult != null) {
            textSearchResult.setText("");                      //清空
            //获取词性
            ArrayList < String > typeList = intent.getStringArrayListParam("typeList");
            //获取词义
            ArrayList < String > meaningList = intent.getStringArrayListParam("meaningList");
            for (int i = 0; i < typeList.size(); i++) {
                textSearchResult.append(typeList.get(i) + " " + meaningList.get(i) + "\r\n");
            }
            if (typeList.size() == 0) {                        //未搜索到数据
                textSearchResult.setText("当前单词无查询结果,请检查输入!");
            }
        }
    }
}
```

在 MainAbilitySlice.java 中修改通用的查询结果显示方法 showSearchResult,通过 Intent 类型的变量传递当前数据到不同设备对应的新的 Slice。

```
public void showSearchResult(List < WordData > result, int i) {
    Intent intent = new Intent();                        //传递当前数据到新的 Slice
    ArrayList < String > typeList = new ArrayList <>();    //词性 List
    ArrayList < String > meaningList = new ArrayList <>(); //词义 List
    for (WordData wordData:result) {
        typeList.add(wordData.type);                      //添加词性
        meaningList.add(wordData.meanings);               //添加词义
    }
```

```
intent.setStringArrayListParam("typeList", typeList);
intent.setStringArrayListParam("meaningList", meaningList);
if (DeviceInfo.getDeviceType().equals("wearable")) {
    present(new WearableSearchResultAbilitySlice(), intent);
}
else {
    if (i == 1){
        present(new TabletSearchResultAbilitySlice(), intent);
    }
    else if (i == 2){
        present(new TabletSearchResultWebAbilitySlice(), intent);
    }
}
}
```

（12）程序开发完整代码请扫描二维码文件4获取。

文件4

3.4 成果展示

在平板端打开基于 SQLite 的跨设备电子词典 App，应用初始界面如图 3-10 所示。

在文本框中输入要查询的单词（输入一个本地词库中存在的单词 discipline），单击查询按钮，界面跳转到结果显示页，输出显示查询单词 discipline 的两个词性及对应的词义，并显示本地词库的相关提示，如图 3-11 所示。

图 3-10 应用初始界面

图 3-11 本地词库单词查询

返回主界面,继续在文本框中输入要查询的单词(输入一个本地词库中不存在的单词 synthetic),单击查询按钮。界面跳转到结果显示页,输出显示查询单词 synthetic 的两个词性及对应的词义,并显示网络词库的相关提示,如图 3-12 所示。

图 3-12　网络词库单词查询

返回主界面,继续在文本框中输入此单词 synthetic(经过查询网络词库后,此单词已经加入本地词库),单击查询按钮,界面跳转到结果显示页,输出显示查询单词 synthetic 的两个词性及对应的词义,并显示本地词库的相关提示,说明此单词已成功存储到本地词库中,如图 3-13 所示。

在文本框中输入要翻译的句子(输入英文句子 I have completed my homework.),单击翻译按钮,界面下方书籍图片隐藏,出现翻译结果,输出显示所输入英文句子的中文翻译,如图 3-14 所示。

继续在文本框中输入要翻译的句子(输入中文句子:我希望能在这门课程中取得好成绩),单击翻译按钮,界面下方书籍图片隐藏,出现翻译结果,输出显示所输入中文句子的英文翻译,如图 3-15 所示。

在手表端打开基于 SQLite 的跨设备电子词典 App,应用初始界面如图 3-16 所示。

在文本框中输入要查询的单词(输入一个本地词库中存在的单词 shift),单击查询按钮,界面跳转到结果显示页,输出显示查询单词 shift 的两个词性及对应的词义,如图 3-17 所示。

返回主界面,继续在文本框中输入要查询的单词(输入一个本地词库中不存在的单词 premium),单击查询按钮,界面跳转到结果显示页,输出显示查询单词 premium 的两个词性及对应的词义,如图 3-18 所示。

图 3-13　网络词库单词二次查询

图 3-14　英文句子翻译

图 3-15 中文句子翻译

图 3-16 应用初始界面 　　图 3-17 本地词库单词查询

图 3-18 网络词库单词查询

项目 4

单 词 助 记

本项目通过鸿蒙系统开发工具 DevEco Studio,基于 Java 语言和 XML 布局,开发一款单词助记 App,实现快速学习与查询功能。

4.1 总体设计

本部分包括系统架构和系统流程。

4.1.1 系统架构

系统架构如图 4-1 所示。

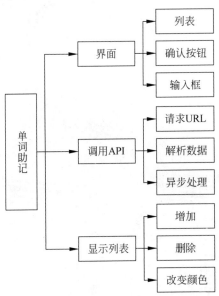

图 4-1 系统架构

4.1.2　系统流程

系统流程如图 4-2 所示。

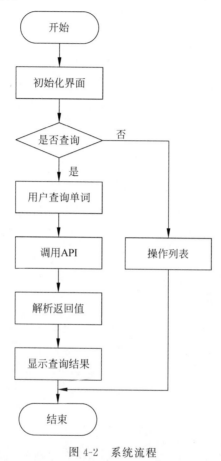

图 4-2　系统流程

4.2　开发工具

本项目使用 DevEco Studio 开发工具,安装过程如下。

(1) 注册开发者账号,完成注册并登录,在官网下载 DevEco Studio 并安装。

(2) 下载并安装 Harmony SDK。

(3) 模板类型选择 Empty Feature Ability,设备类型选择 Phone,语言类型选择 Java,单击 Next 后填写相关信息。

(4) 创建后的应用目录结构如图 4-3 所示。

(5) 在 src/main/java 目录下进行代码编写,在 src/main/resources 目录下进行界面编写。

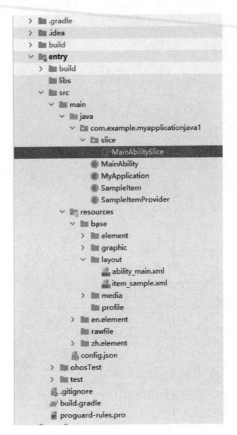

图 4-3　应用目录结构

4.3　开发实现

本部分包括界面设计和程序开发,下面分别给出各模块的功能介绍及相关代码。

4.3.1　界面设计

本部分包括目录结构、界面布局和完整代码。

1. 目录结构

界面目录结构如图 4-4 所示。

2. 界面布局

ability_main. xml 主体设计如下。

(1) 采用 DependentLayout,设置界面为垂直排列,宽度和高度均匹配父组件。

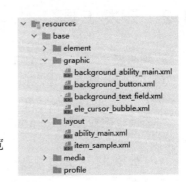

图 4-4　界面目录结构

```
< DependentLayout
    xmlns:ohos = "http://schemas.huawei.com/res/ohos"
```

```
      ohos:height = "match_parent"
      ohos:width = "match_parent"
      ohos:orientation = "vertical">
```

（2）ListContainer 显示单词和翻译，生成一个容器，内容由代码添加，设置对齐方式为水平居中。

```
< ListContainer
      ohos:id = " $ + id:list_container"
      ohos:height = "match_content"
      ohos:width = "match_content"
      ohos:layout_alignment = "horizontal_center"/>
```

（3）Text 显示单词翻译，设置位置为 TextField 的上方，文字大小为 15vp，边距为 5vp，背景布局在 graphic/background_button.xml 中。

```
< Text
      ohos:id = " $ + id:confirmButton"
      ohos:height = "match_content"
      ohos:width = "match_parent"
      ohos:above = " $ id:inputTextField"
      ohos:text = ""
      ohos:text_size = "15vp"
      ohos:background_element = " $ graphic:background_button"
      ohos:bottom_margin = "0vp"
      ohos:padding = "5vp"/>
```

（4）TextField 获取用户输入的英语单词，位置设置为界面的底部。

```
< TextField
      ohos:id = " $ + id:inputTextField"
      ohos:height = "match_content"
      ohos:width = "match_parent"
      ohos:background_element = " $ graphic:background_text_field"
      ohos:hint = "输入单词"
      ohos:text_alignment = "vertical_center"
      ohos:text_size = "20vp"
      ohos:element_cursor_bubble = " $ graphic:ele_cursor_bubble"
      ohos:left_padding = "24vp"
      ohos:right_padding = "24vp"
      ohos:top_padding = "8vp"
      ohos:bottom_padding = "8vp"
      ohos:align_parent_bottom = "true"
    />
</DependentLayout >
```

（5）在列表中显示单词及单词翻译。

采用 DirectionalLayout，垂直布局。

```
< DirectionalLayout
      xmlns:ohos = "http://schemas.huawei.com/res/ohos"
      ohos:height = "match_content"
```

```
        ohos:width = "match_parent"
        ohos:left_margin = "16vp"
        ohos:right_margin = "0vp"
        ohos:orientation = "vertical">
```

采用 DirectionalLayout,水平布局,其中两个 Text 分别显示单词及翻译。

```
< DirectionalLayout
    xmlns:ohos = "http://schemas.huawei.com/res/ohos"
    ohos:width = "match_parent"
    ohos:height = "match_content"
    ohos:orientation = "horizontal">
    < Text
        ohos:id = " $ + id:item_index"
        ohos:height = "match_content"
        ohos:width = "150vp"
        ohos:padding = "4vp"
        ohos:text = "Item0"
        ohos:text_size = "20fp"
        ohos:layout_alignment = "center"/>
    < Text
        ohos:id = " $ + id:item_trans"
        ohos:height = "match_content"
        ohos:width = "match_content"
        ohos:padding = "4vp"
        ohos:text = "Item1"
        ohos:text_size = "18fp"
        ohos:layout_alignment = "center"/>
</DirectionalLayout >
</DirectionalLayout >
```

3. 完整代码

界面设计完整代码如下。

(1) graphic/background_ability_main. xml。

```
< shape xmlns:ohos = "http://schemas.huawei.com/res/ohos"
        ohos:shape = "rectangle">
    < solid
        ohos:color = " ♯ FFFFFF"/>
</shape >
```

(2) graphic/background_button. xml。

```
< shape xmlns:ohos = "http://schemas.huawei.com/res/ohos"
        ohos:shape = "rectangle">
    < corners
        ohos:radius = "10"/>
    < solid
        ohos:color = " ♯ 007CFD"/>
</shape >
```

(3) graphic/background_text_field. xml。

```
< shape xmlns:ohos = "http://schemas.huawei.com/res/ohos"
```

```
        ohos:shape = "rectangle">
    < corners
        ohos:radius = "00"/>
    < solid
        ohos:color = "♯2788d9"/>
</shape >
```

（4）graphic/ele_cursor_bubble. xml。

```
< shape xmlns:ohos = "http://schemas. huawei. com/res/ohos"
        ohos:shape = "rectangle">
    < corners
        ohos:radius = "40"/>
    < solid
        ohos:color = "♯17a98e"/>
    < stroke
        ohos:color = "♯17a98e"
        ohos:width = "10"/>
</shape >
```

4.3.2 程序开发

程序初始化完整代码请扫描二维码文件 5 获取。

文件 5

4.4 成果展示

打开 App,应用初始界面如图 4-5 所示；查询单词如图 4-6 所示；单击翻译确认如图 4-7 所示；查询几个单词如图 4-8 所示。

图 4-5 应用初始界面

图 4-6 查询单词

图 4-7　单击翻译确认　　　　　　　　图 4-8　查询几个单词

时 事 阅 读

本项目通过鸿蒙系统开发工具 DevEco Studio,基于 Java 开发一款阅读类 App,实现获取随机笑话、今日新闻、历史上的今天。

5.1 总体设计

本部分包括系统架构和系统流程。

5.1.1 系统架构

系统架构如图 5-1 所示。

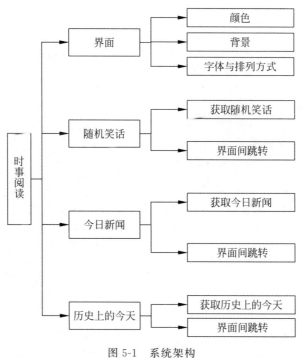

图 5-1 系统架构

5.1.2　系统流程

系统流程如图 5-2 所示。

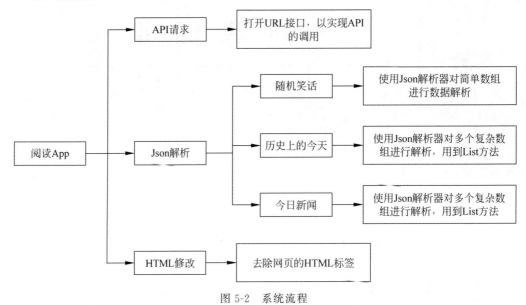

图 5-2　系统流程

5.2　开发工具

本项目使用 DevEco Studio 开发工具,安装过程如下。

（1）注册开发者账号,完成注册并登录,在官网下载 DevEco Studio 并安装。

（2）模板类型选择 Empty Feature Ability,设备类型选择 Phone,语言类型选择 Java,单击 Next 后填写相关信息。

（3）创建后的应用目录结构如图 5-3 所示。

（4）在 src/main/java 目录下进行阅读 App 的应用开发。

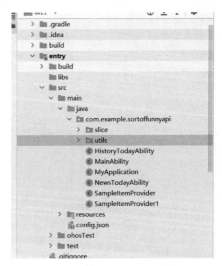

图 5-3　应用目录结构

5.3　开发实现

本部分包括界面设计和程序开发,下面分别给出各模块的功能介绍及相关代码。

5.3.1 界面设计

本部分包括图片导入、界面布局和完整代码。

1. 图片导入

图 5-4 图片导入

首先,将选好的界面图片导入 project 文件;然后,将 picture(.jpg 格式)保存在 main/resources/base/media 文件夹下,如图 5-4 所示。

2. 界面布局

本部分包括主界面、今日新闻和历史上的今天。

(1) 主界面。

```xml
<?xml version = "1.0" encoding = "utf - 8"?>
< DirectionalLayout xmlns:ohos = "http://schemas.huawei.com/res/ohos"
    ohos:height = "match_parent"
    ohos:width = "match_parent"
    ohos:alignment = "top"
    ohos:orientation = "vertical"
    ohos:background_element = " $ graphic:background_ability_main"
    >
//App 名称显示在主界面中
< Text
    ohos:height = "80vp"
    ohos:width = "match_parent"
    ohos:text = "悦读"
    ohos:text_size = "60vp"
    ohos:text_font = "sans - serif - condensed - medium"
    ohos:bottom_margin = "20vp"
    ohos:top_margin = "0fp"
    />
```

(2) 今日新闻。

```xml
<?xml version = "1.0" encoding = "utf - 8"?>
< DirectionalLayout
    xmlns:ohos = "http://schemas.huawei.com/res/ohos"
    ohos:height = "match_parent"
    ohos:width = "match_parent"
    ohos:alignment = "center"
    ohos:orientation = "vertical">
//ListContainer 容器的设置
    < ListContainer
        ohos:id = " $ + id:list1"
        ohos:height = "match_parent"
        ohos:width = "match_parent"
        ohos:orientation = "vertical"
        />
</DirectionalLayout >
```

（3）历史上的今天。

```
<?xml version = "1.0" encoding = "utf - 8"?>
<DirectionalLayout
    xmlns:ohos = "http://schemas.huawei.com/res/ohos"
    ohos:height = "match_parent"
    ohos:width = "match_parent"
    ohos:alignment = "center"
    ohos:orientation = "vertical">
//ListContainer 容器的设置
    <ListContainer
        ohos:id = "$ + id:list"
        ohos:height = "match_parent"
        ohos:width = "match_parent"
        ohos:orientation = "vertical"
        />
</DirectionalLayout>
```

3. 完整代码

文件6

界面设计完整代码请扫描二维码文件6获取。

5.3.2　程序开发

本部分包括打开 URL 接口、Json 数据解析、HTML 解析、主界面、今日新闻界面、历史上的今天界面和 ListContainer 适配器。

1. 打开 URL 接口

打开 URL 接口以便后续进行 URL 调用。

```
public class APIRequest {
    static final HiLogLabel LABEL = new HiLogLabel(HiLog. LOG_APP, 0x00201, "MY_TAG");
    public static String URLRequest(String myurl, String Reqmethod){
        NetManager netManager = NetManager. getInstance(null);
        if (!netManager. hasDefaultNet()) {
            return "";
        }
//可以获取网络状态的变化
        NetHandle netHandle = netManager. getDefaultNet();
        HttpURLConnection connection = null;
        String resText = " ";
        StringBuilder response = new StringBuilder();
        try {
            URL url = new URL(myurl);
            URLConnection urlConnection = netHandle. openConnection(url,
                    java. net. Proxy. NO_PROXY);
            if (urlConnection instanceof HttpURLConnection) {
                connection = (HttpURLConnection) urlConnection;
            }
            connection. setRequestMethod(Reqmethod);
            connection. connect();
```

```
        //可进行 URL 的其他操作
        InputStream in = connection.getInputStream();
        BufferedReader reader = new BufferedReader(new InputStreamReader(in));
        String line;          while((line = reader.readLine())!= null){
            response.append(line);
        }
        HiLog.info(LABEL,response.toString());
    } catch(IOException e) {
        e.printStackTrace();
    } finally {          if (connection != null){
            connection.disconnect();
        }
    }
    resText = response.toString();
    return resText;
    }
}
```

2. Json 数据解析

使用 Gson 解析 Json 数据，包括简单数组数据和复杂的多个数组，相关代码请扫描二维码文件 7 获取。

文件 7

3. HTML 解析

HTML 解析去除界面的 HTML 标签。

```
public class HTMLChange {
    public static String delHTMLTag(String htmlStr) {
        String regEx_script = "< script[^>] * ?>[\\s\\S] * ?<\\/script >";
//定义 script 的正则表达式
        String regEx_style = "< style[^>] * ?>[\\s\\S] * ?<\\/style >";
//定义 style 的正则表达式
        String regEx_html = "<[^>] +>";        //定义 HTML 标签的正则表达式
        Pattern p_script = Pattern.compile(regEx_script, Pattern.CASE_INSENSITIVE);
        Matcher m_script = p_script.matcher(htmlStr);
        htmlStr = m_script.replaceAll("");    //过滤 script 标签
        Pattern p_style = Pattern.compile(regEx_style, Pattern.CASE_INSENSITIVE);
        Matcher m_style = p_style.matcher(htmlStr);
        htmlStr = m_style.replaceAll("");    //过滤 style 标签
        Pattern p_html = Pattern.compile(regEx_html, Pattern.CASE_INSENSITIVE);
        Matcher m_html = p_html.matcher(htmlStr);
        htmlStr = m_html.replaceAll("");      //过滤 HTML 标签
        return htmlStr.trim();                //返回文本字符串
    }
//删除标签
    public static String stripHtml(String content) {
        //< p >段落替换为换行
        content = content.replaceAll("< p . * ?>", "\r\n");
        //< br >< br/>替换为换行
        content = content.replaceAll("< br\\s * /?>", "\r\n");
        //去掉其他<>之间的内容
```

```
            content = content.replaceAll("\\<. * ?>", "");
            //还原 HTML
            //content = HTMLDecoder.decode(content);
            return content;
        }
    }
```

4. 主界面

调用上述三种方法进行线程管理及线程间的通信,相关代码请扫描二维码文件 8 获取。

文件 8

5. 今日新闻界面

```
public class NewsTodayAbilitySlice extends AbilitySlice {
    private ListContainer list1;
    private List < JsonParse. NewsToday > newsTodays;
    @Override
    public void onStart(Intent intent) {
        super.onStart(intent);
        super.setUIContent(ResourceTable. Layout_ability_news_today);
        String data = intent.getStringParam("newsToday");
//getStringParam 方法获取界面传递的参数
newsTodays = JsonParse. parseNewsToday(data);
        list1 = findComponentById(ResourceTable.Id_list1);
        //对应 XML 界面中的参数
        initListContainer();
    }
    //适配器代码从官方文档中获取
    private void initListContainer() {
        SampleItemProvider1 sampleItemProvider1 = new SampleItemProvider1(newsTodays, this);
        list1. setItemProvider(sampleItemProvider1);
    }
    @Override
    public void onActive() {
        super.onActive();
    }
    @Override
    public void onForeground(Intent intent) {
        super.onForeground(intent);
    }
}
```

6. 历史上的今天界面

```
public class HistoryTodayAbilitySlice extends AbilitySlice {
    private ListContainer list;
    private List < JsonParse. HistoryToday > historyTodays;
    @Override
    public void onStart(Intent intent) {
        super.onStart(intent);
        super.setUIContent(ResourceTable. Layout_ability_history_today);
        String data = intent. getStringParam("historyToday");
        //getStringParam 方法获取界面传递的参数
```

```
        historyTodays = JsonParse.parseHistoryToday(data);
        list = findComponentById(ResourceTable.Id_list);
        initListContainer();
    }
    //适配器代码从官方文档中获取
    private void initListContainer() {
        SampleItemProvider sampleItemProvider = new SampleItemProvider (historyTodays,
this);
        list.setItemProvider(sampleItemProvider);
    }
    @Override
    public void onActive() {
        super.onActive();
    }
    @Override
    public void onForeground(Intent intent) {
        super.onForeground(intent);
    }
}
```

7. ListContainer 适配器

ListContainer 每行可以是不同的数据,因此需要适配不同的数据结构,使其都能添加到 ListContainer 上,相关代码请扫描二维码文件 9 获取。

文件 9

5.4 成果展示

打开 App,应用初始界面如图 5-5 所示;今日新闻功能如图 5-6 所示;历史上的今天功能如图 5-7 所示;随机笑话功能如图 5-8 所示。

图 5-5 应用初始界面　　图 5-6 今日新闻功能　　图 5-7 历史上的今天功能　　图 5-8 随机笑话功能

项目 6

教 学 软 件

本项目通过鸿蒙系统开发工具 DevEco Studio,基于 Java 开发一款教学 App,实现简单的数学出题、判题和成语查询等功能。

6.1　总体设计

本部分包括系统架构和系统流程。

6.1.1　系统架构

系统架构如图 6-1 所示。

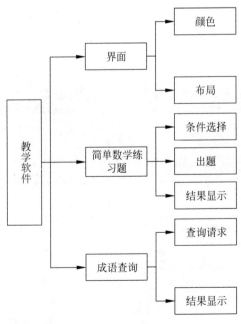

图 6-1　系统架构

6.1.2 系统流程

系统流程如图 6-2 所示。

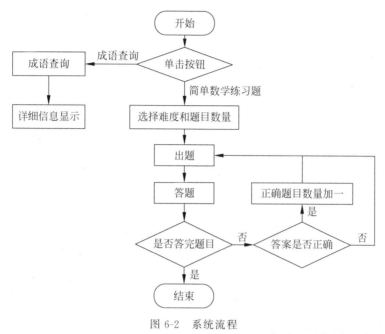

图 6-2 系统流程

6.2 开发工具

本项目使用 DevEco Studio 开发工具,安装过程如下。

(1) 注册开发者账号,完成注册并登录,在官网下载 DevEco Studio 并安装。

(2) 下载并安装 Harmony SDK。

(3) 模板类型选择 Empty Ability,设备类型选择Phone,语言类型选择 Java,单击 Next 后填写相关信息。在 Project name 中填写 Teach,Compatible API version 中选择 SDK:API Version 6,单击 Finish 结束应用的创建工作。

(4) 创建后的应用目录结构如图 6-3 所示。

(5) 在 src/main/java 目录下进行教学软件的应用开发。

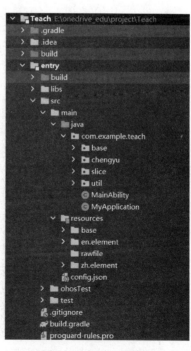

图 6-3 应用目录结构

6.3　开发实现

本部分包括界面设计和程序开发,下面分别给出各模块的功能介绍及相关代码。

6.3.1　界面设计

本部分包括图片导入、界面布局和完整代码。

1. 图片导入

首先,将选好的界面图片导入 project 文件中;然后,将需要用到的图片(.png 格式)保存在 resources/base/media 文件夹下,如图 6-4 所示。

图 6-4　图片导入

2. 界面布局

本项目的界面布局如下。

(1)软件界面有三个组件,分别是进入数学练习题的 Button、成语查询的 Button 和每日一句的 Text。

(2)首先,选择题目数量;然后,根据难度显示示例;最后,开始答题。数学练习题的界面,左上角是退出按钮,右上角显示目前时间,中间是难度选择按钮。

(3)测试界面内容包括做题的进度显示、所出的题目、输入答案框、显示正确答案、提交答案和下一试题。

(4)首先,在结束数学测试界面,最上面是做题的正确情况和评语;然后,给出所答题目的具体情况;最后,退出简单数学题。

(5)成语查询开始界面的上方是退出按钮和标题显示,中间是搜索栏,下面是搜索的历史记录。

(6)成语具体信息显示界面。

相关代码请扫描二维码文件 10 获取。

文件 10

3. 完整代码

界面设计完整代码请扫描二维码文件 11 获取。

文件 11

6.3.2　程序开发

本部分包括数学题开始界面、选择难度界面、数学题测试界面、数学题结束界面、成语查询界面、成语详情界面,相关代码请扫描二维码文件 12 获取。

文件 12

6.4　成果展示

应用初始界面如图 6-5 所示。

数学练习题开始界面如图 6-6 所示,左上角是退出按钮,退到数学练习题开始界面,右上角显示目前时间,当单击难度选择按钮时,首先进入年级选择界面,然后单击对应的年级进入难度选择界面,有 6 个不同的难度,选择题目数量后开始练习。

年级选择界面共有 5 个选项,如图 6-7 所示。

图 6-5 应用初始界面

图 6-6 数学练习题开始界面

图 6-7 年级选择界面

难度选择界面如图 6-8 所示。

数学测试界面如图 6-9 所示。可以看到,最上面是做题的进度显示。每次在输入框输入答案并提交后,显示出正确答案。单击下一试题按钮,则出现新的题目。

图 6-8 难度选择界面

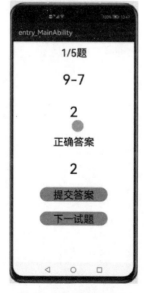

图 6-9 数学测试界面

如图6-10所示,在所有题目做完之后,界面显示做过的数量、答题总体情况及正确数量。

如图6-11所示,单击成语查询后,输入要查询的成语,单击放大镜图标进行查询,跳转到成语详细信息界面。空白处显示历史记录,最多显示100条。

如图6-12所示,在上一界面单击查询按钮之后,界面中展示成语的具体信息。例如,拼音、部首、同义词、反义词、成语解释、出处、例句、语法等。

图 6-10 结束界面

图 6-11 成语查询界面

图 6-12 成语信息界面

联 机 自 习

本项目通过鸿蒙系统开发工具 DevEco Studio,基于 Java 开发一款线上自习室的应用,实现时间统计、任务设定等功能。

7.1 总体设计

本部分包括系统架构和系统流程。

7.1.1 系统架构

系统架构如图 7-1 所示。

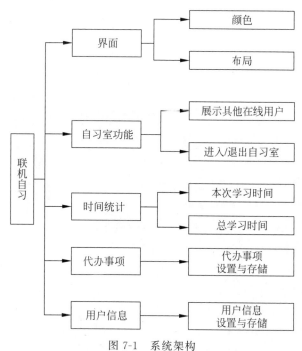

图 7-1 系统架构

7.1.2　系统流程

系统流程如图 7-2 所示。

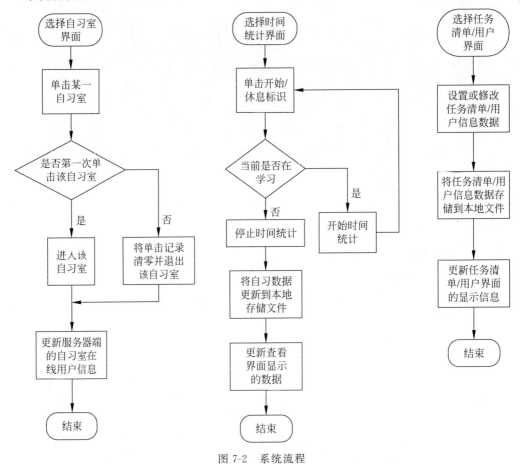

图 7-2　系统流程

7.2　开发工具

本项目使用 DevEco Studio 开发工具，安装过程如下。

（1）注册开发者账号，完成注册并登录，在官网下载 DevEco Studio 并安装。

（2）模板类型选择 Empty Feature Ability，设备类型选择 Phone，语言类型选择 Java，单击 Next 后填写相关信息。

（3）创建后的应用目录结构如图 7-3 所示。

（4）在 src/main/java 目录下进行联机自习室的应用开发。

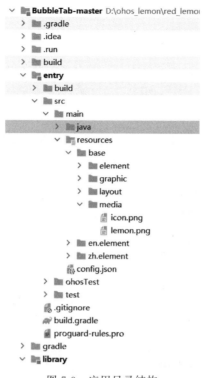

图 7-3 应用目录结构

7.3 开发实现

本部分包括界面设计和程序开发,下面分别给出各模块的功能介绍及相关代码。

7.3.1 界面设计

本部分包括图片导入和完整代码。

1. 图片导入

将选好的界面图片导入 media 文件中,如图 7-4 所示。

2. 完整代码

本部分包括 XML 文件、PageSlider 中的子界面及代办事项/用户信息设置界面,相关代码请扫描二维码文件 13 获取。

图 7-4 图片导入

文件 13

7.3.2 程序开发

本部分包括程序初始化、获取用户信息、加入或退出自习室、服务器端信息处理、统计开始或暂停时间、代办事项设置,用户数据存储,相关代码请扫描二维码文件 14 获取。

文件 14

7.4 成果展示

打开 App,应用初始界面如图 7-5 所示;用户单击开始自习时,提示开始统计学习时间,单击休息一下时停止时间统计,如图 7-6 所示;代办清单和用户信息的设置如图 7-7 所示。

图 7-5　应用初始界面　　　　　　　图 7-6　时间统计功能

代办清单界面　　　　　　　　　　　用户信息界面

图 7-7　代办清单和用户信息

用户登录后,可以在第二个界面查看 7 个自习室的在线情况,如图 7-8 所示;用户单击程序图标进入自习室(未设置用户名时,将以匿名者身份进入),如图 7-9 所示;用户再次单击所在的自习室时,即可退出当前自习室,如图 7-10 所示。

图 7-8　自习室在线用户信息

图 7-9　进入自习室

图 7-10　退出自习室

项目 8

中 英 翻 译

本项目通过鸿蒙系统开发工具 DevEco Studio,基于 Java 开发一款中英文翻译 App,实现中英互译。

8.1 总体设计

本部分主要包括系统架构和系统流程。

8.1.1 系统架构

系统架构如图 8-1 所示。

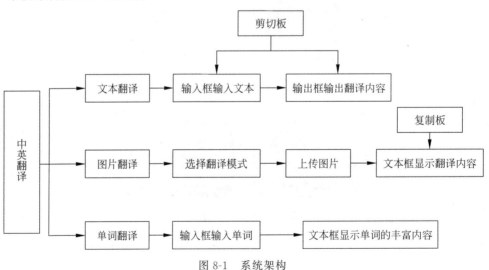

图 8-1 系统架构

8.1.2 系统流程

系统流程如图 8-2 所示。

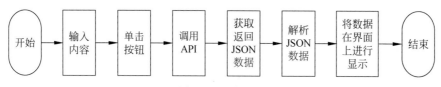

图 8-2 系统流程

8.2 开发工具

本项目使用 DevEco Studio 开发工具,版本为 2.1.0,安装过程如下。

(1) 注册开发者账号,完成注册并登录,在官网下载 DevEco Studio 并安装。

(2) 下载并安装 Node.js。

(3) 模板类型选择 Empty Feature Ability,设备类型选择 Phone,语言类型选择 Java,单击 Next 后填写相关信息。

(4) 创建后的应用目录结构如图 8-3 所示。

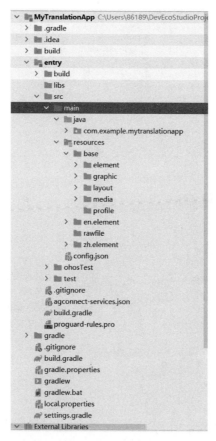

图 8-3 应用目录结构

（5）在 src/main/java 目录下进行中英文翻译平台的应用开发。

8.3　开发实现

本部分包括界面设计和程序开发，下面分别给出各模块的功能介绍及相关代码。

8.3.1　界面设计

在 resource/base/layout 目录下创建界面 XML，graphic 可以对界面 XML 中组件的共有属性进行定义，如图 8-4 所示。

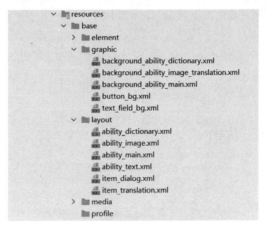

图 8-4　创建界面 XML

1．主界面布局

主界面的设计步骤如下。

（1）规定界面中组件的排列方向为垂直排列。

```
< DirectionalLayout
    xmlns:ohos = "http://schemas. huawei.com/res/ohos"
    ohos:height = "match_parent"           //设置高度与父组件高度匹配,默认为界面高度
    ohos:width = "match_parent"            //设置宽度与父组件宽度匹配,默认为界面宽度
    ohos:alignment = "center"              //设置对齐方式为居中对齐
    ohos:background_element = " $ media:Main_image"   //设置主界面的背景图片
    ohos:orientation = "vertical"          //设置界面的排列方向为垂直排列
```

（2）设置图片组件。

```
< Image
    ohos:height = "60vp"
    ohos:width = "60vp"
    ohos:background_element = " $ media:BUPT_Logo"   //设置图片背景来源
    ohos:alpha = "0.7"                     //设置图片组件透明度为 0.7
    />
```

（3）设置文本组件。

```
< Text
    ohos:height = "match_content"                                    //设置文本高度与文本内容一致
    ohos:width = "match_content"                                     //设置文本宽度与文本内容一致
    ohos:background_element = " $ graphic:background_ability_main"
    ohos:layout_alignment = "horizontal_center"                      //设置文本组件水平居中
    ohos:text = "中英文翻译平台"                                       //显示文本信息
    ohos:text_size = "20vp"
    ohos:text_alignment = "top"                                      //设置文本内容顶部对齐
    ohos:alpha = "0.7"                                               //设置文字组件透明度 0.7
    />
< Text
    ohos:height = "match_content"
    ohos:width = "match_content"
    ohos:background_element = " $ graphic:background_ability_main"
    ohos:layout_alignment = "horizontal_center"
    ohos:text = "丘丰豪 2019210204"
    ohos:text_size = "20vp"
    ohos:text_alignment = "top"
    ohos:alpha = "0.7"
    />
```

（4）设置按钮组件。

```
< Button
    ohos:id = " $ + id:button1"                                      //设置按钮组件的标志和 ID 方便后续调用
    ohos:height = "match_content"                                    //设置按钮高度与按钮本身内容一致
    ohos:width = "match_parent"                                      //设置按钮宽度与按钮本身内容一致
    ohos:text = "文本翻译"                                            //设置按钮显示文字
    ohos:text_size = "40vp"                                          //按钮内文字的字体大小
    ohos:margin = "20vp"                                             //设置按钮外边距
    ohos:padding = "10vp"                                            //设置按钮内边距
    ohos:background_element = " $ graphic:button_bg"                 //按钮部分属性(颜色)
    ohos:text_color = " # ffffff"                                    //按钮内文本的颜色
    ohos:alpha = "0.7"                                               //设置按钮组件透明度为 0.7
    />
< Button
    ohos:id = " $ + id:button2"
    ohos:height = "match_content"
    ohos:width = "match_parent"
    ohos:text = "图片翻译"
    ohos:text_size = "40vp"
    ohos:margin = "20vp"
    ohos:padding = "10vp"
    ohos:background_element = " $ graphic:button_bg"
    ohos:text_color = " # ffffff"
    ohos:alpha = "0.7"
    />
< Button
    ohos:id = " $ + id:button3"
```

```
        ohos:height = "match_content"
        ohos:width = "match_parent"
        ohos:text = "单词翻译"
        ohos:text_size = "40vp"
        ohos:margin = "20vp"
        ohos:padding = "10vp"
        ohos:background_element = " $ graphic:button_bg"
        ohos:text_color = " #ffffff"
        ohos:alpha = "0.7"
        />
</DirectionalLayout>
```

2. 文本翻译界面设计

文本翻译界面代码如下。

```
        <?xml version = "1.0" encoding = "utf - 8"?>
<DirectionalLayout
        xmlns:ohos = "http://schemas.huawei.com/res/ohos"
        ohos:height = "match_parent"
        ohos:width = "match_parent"
        ohos:alignment = "horizontal_center"
        ohos:background_element = " $ media:Text_image"
        ohos:orientation = "vertical">
        <TextField
            ohos:id = " $ + id:textField1"
            ohos:height = "200vp"
            ohos:width = "match_parent"
            ohos:background_element = " $ media:Image_1"
            ohos:hint = "请输入你想翻译的内容:"
            ohos:layout_alignment = "horizontal_center"
            ohos:top_margin = "20vp"
            ohos:text_size = "18fp"
            ohos:padding = "14vp"
            ohos:multiple_lines = "true"
            />
        <Text
            ohos:id = " $ + id:input"
            ohos:height = "match_content"
            ohos:width = "match_content"
            ohos:text_size = "18fp"
            ohos:text = "长按这串文本对输入框内容进行操作"
            ohos:alpha = "0.7"
            />
        <Button
        ohos:id = " $ + id:button4"
        ohos:height = "match_content"
        ohos:width = "match_parent"
        ohos:text = "翻译"
```

```
        ohos:text_size = "40vp"
        ohos:margin = "10vp"
        ohos:padding = "10vp"
        ohos:background_element = " $ graphic:button_bg"
        ohos:text_color = " # ffffff"
        ohos:alpha = "0.7"
        />
    < TextField
        ohos:id = " $ + id:resultText"
        ohos:height = "200vp"
        ohos:width = "match_parent"
        ohos:background_element = " $ media:Image_2"
        ohos:hint = "这里显示翻译内容:"
        ohos:layout_alignment = "horizontal_center"
        ohos:top_margin = "20vp"
        ohos:text_size = "18fp"
        ohos:padding = "14vp"
        ohos:multiple_lines = "true"
        />
    < Text
        ohos:id = " $ + id:output"
        ohos:height = "match_content"
        ohos:width = "match_content"
        ohos:text_size = "18fp"
        ohos:text = "长按这串文本对输出框内容进行操作"
        ohos:alpha = "0.7"
        />
</DirectionalLayout >
```

3. 图片翻译界面设计

图片翻译界面代码如下。

```
<?xml version = "1.0" encoding = "utf - 8"?>
< DirectionalLayout xmlns:ohos = "http://schemas. huawei. com/res/ohos"
    ohos:height = "match_parent"
    ohos:width = "match_parent"
    ohos:alignment = "horizontal_center"
    ohos:background_element = " $ media:Image_image"
    ohos:orientation = "vertical"
    >
```

（1）Picker 组件，滑动选择器，用于功能选择。

```
< Picker
    ohos:id = " $ + id:test_picker"
    ohos:height = "45vp"
    ohos:width = "match_parent"
    ohos:background_element = " # E1FFFF"
```

```
        ohos:layout_alignment = "horizontal_center"
        ohos:alpha = "0.7"/>
    < Button
        ohos:id = " $ + id:btnChoosing"
        ohos:height = "match_content"
        ohos:width = "match_parent"
        ohos:text = "上传本地图片"
        ohos:text_size = "20vp"
        ohos:margin = "10vp"
        ohos:padding = "10vp"
        ohos:background_element = " $ graphic:button_bg"
        ohos:text_color = " #ffffff"
        ohos:alpha = "0.7"
        />
    < Image
        ohos:id = " $ + id:showChooseImg"
        ohos:height = "100vp"
        ohos:width = "match_parent"
        ohos:scale_mode = "zoom_center"
```

(2) ListContainer 组件。

呈现连续、多行数据的组件,包含一系列相同类型的列表项,这里显示图片翻译返回的结果。

```
    < ListContainer
        ohos:id = " $ + id:list"
        ohos:height = "match_parent"
        ohos:width = "match_parent"
        ohos:orientation = "vertical"
        />
</DirectionalLayout >
```

4. 单词翻译界面设计

单词翻译界面代码请扫描二维码文件 15 获取。

文件 15

8.3.2 程序开发

本部分包括主界面、文本翻译、图片翻译及单词翻译,各模块的功能介绍及相关代码请扫描二维码文件 16 获取。

文件 16

8.4 成果展示

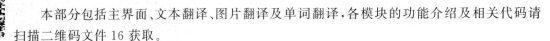

应用初始界面如图 8-5 所示;中文翻译英文如图 8-6 所示;英文翻译中文如图 8-7 所示;剪切板如图 8-8 所示;本地选择图片如图 8-9 所示;中译英界面如图 8-10 所示;英译中界面如图 8-11 所示;单词翻译如图 8-12 所示。

图 8-5　应用初始界面

图 8-6　中文翻译英文

图 8-7　英文翻译中文

图 8-8　剪切板

图 8-9　本地选择图片

图 8-10　中译英界面

图 8-11　英译中界面

图 8-12　单词翻译

单 词 卡 片

本项目通过鸿蒙系统开发工具 DevEco Studio,基于 JavaScript 开发一款单词卡片 App,实现判断单词拼写对错等功能。

9.1 总体设计

本部分包括系统架构和系统流程。

9.1.1 系统架构

系统架构如图 9-1 所示。

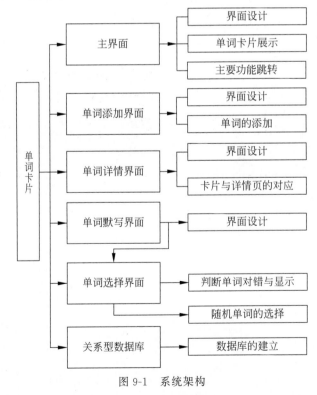

图 9-1 系统架构

9.1.2　系统流程

系统流程如图 9-2 所示。

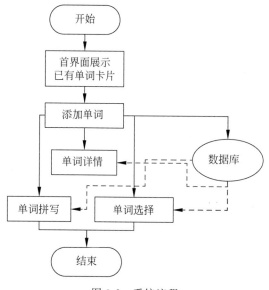

图 9-2　系统流程

9.2　开发工具

本项目使用 DevEco Studio 开发工具，安装过程如下。

（1）注册开发者账号，完成注册并登录，在官网下载 DevEco Studio 并安装。

（2）模板类型选择 Empty Feature Ability，设备类型选择 Phone，语言类型选择 Java，单击 Next 后填写相关信息。

（3）创建后的应用目录结构如图 9-3 所示。

（4）在 src/main/java 目录下进行单词卡片的应用开发。

9.3　开发实现

本部分包括界面设计、创建数据库与单词添加、单词卡片的详情与展示、背单词，下面分别给出各模块的功能介绍及相关代码。

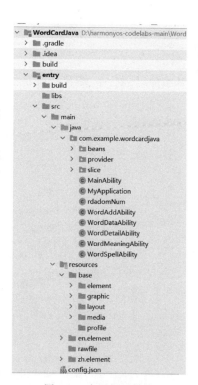

图 9-3　应用目录结构

9.3.1　界面设计

本部分包括图片导入、界面布局和完整代码。

1．图片导入

将选好的图片导入 media 文件中，如图 9-4 所示。

2．界面布局

单词卡片的界面布局如下。

主界面文件为 ability_main.xml，由导航栏 Text、ListContainer 及最下方的三个 Button 组成，其中 ListContainer 中项目的界面设计由 word_list_item.xml 提供，相关代码请扫描二维码文件 17 获取。

图 9-4　图片导入

文件 17

文件 18

3．完整代码

界面设计完整代码请扫描二维码文件 18 获取。

9.3.2　创建数据库与添加单词

本部分包括创建数据库、添加单词和完整代码。

1．创建数据库

为储存数据，在 WordDataAbility.java 中创建一个 words 数据库。

```
public void onCreate(RdbStore rdbStore) {
        rdbStore.executeSql("create table if not exists words(wordId integer primary key
autoincrement,wordName text not null,wordMeaning text not null,wordEg text,wordHelp text)");
    }
```

添加增、删、改、查代码如下。

```
@Override
    public ResultSet query(Uri uri, String[] columns, DataAbilityPredicates predicates) {
        RdbPredicates rdbPredicates = DataAbilityUtils.createRdbPredicates(predicates,"words");
        ResultSet resultSet = rdbStore.query(rdbPredicates,columns);
        return resultSet;
    }
    @Override
    public int insert(Uri uri, ValuesBucket value) {
        int i = -1;
        HiLog.info(LABEL_LOG, "WordDataAbility insert");
        String path = uri.getLastPath();
        if("words".equalsIgnoreCase(path)){
            i = (int) rdbStore.insert("words",value);
        }
        return i;
    }
    @Override
    public int delete(Uri uri, DataAbilityPredicates predicates) {
        RdbPredicates rdbPredicates = DataAbilityUtils.createRdbPredicates(predicates, "words");
        int index = rdbStore.delete(rdbPredicates);
```

```
        HiLog.info(LABEL_LOG, "delete: " + index);
        DataAbilityHelper.create(this, uri).notifyChange(uri);
        return index;
    }
    @Override
    public int update(Uri uri, ValuesBucket value, DataAbilityPredicates predicates) {
        RdbPredicates rdbPredicates = DataAbilityUtils.createRdbPredicates(predicates, "words");
        int index = rdbStore.update(value, rdbPredicates);
        HiLog.info(LABEL_LOG, "update: " + index);
        DataAbilityHelper.create(this, uri).notifyChange(uri);
        return index;
    }
```

2. 添加单词

通过 4 个 TextField 收集输入的字符串，并保存在 valuesBucket 中。

```
Button addFinishBtn = (Button) findComponentById(ResourceTable.Id_addFinishBtn);
 TextField tf1 = (TextField) findComponentById(ResourceTable.Id_WordName);
 TextField tf2 = (TextField) findComponentById(ResourceTable.Id_WordMeaning);
 TextField tf3 = (TextField) findComponentById(ResourceTable.Id_WordEG);
 TextField tf4 = (TextField) findComponentById(ResourceTable.Id_WordHelp);
addFinishBtn.setClickedListener(component -> {
        String wordName = tf1.getText();
        String wordMeaning = tf2.getText();
        String wordEG = tf3.getText();
        String wordHelp = tf4.getText();
        ValuesBucket valuesBucket = new ValuesBucket();
        valuesBucket.putString("wordName",wordName);
        valuesBucket.putString("wordMeaning",wordMeaning);
        valuesBucket.putString("wordEg",wordEG);
        valuesBucket.putString("wordHelp",wordHelp);
```

通过 insert 功能将字符串加载至数据库中。

```
try {
                int i = dataAbilityHelper.insert(Uri.parse("dataability:///com.example.
wordcardjava.WordDataAbility/words"),valuesBucket);
                System.out.println(" ----------------------->:" + i);
            } catch (DataAbilityRemoteException e) {
                e.printStackTrace();
            }
```

3. 完整代码

创建数据库与单词添加的完整代码请扫描二维码文件 19 获取。

文件 19

9.3.3　单词卡片的详情与展示

本部分包括单词卡片在主界面的展示、建立单词、删除单词和完整代码。

1. 主界面

建立一个 Word 类和数组，将数据库中查询到的数据储存到数组 List 中，同时为了在数据库中加入几个初始化数据，建立 getData()函数。

```java
List<Word> data = getData();
private List<Word> getData(){
    List<Word> initwords = new ArrayList<>();
    initwords.add(new Word(1,"hello","你好","hello,i'm fine","nothing"));
    initwords.add(new Word(2,"good","好","good job","nothing"));
    initwords.add(new Word(3,"world","世界","hello world","nothing"));
    initwords.add(new Word(4,"morning","早上","good morning","nothing"));
    dataAbilityHelper = DataAbilityHelper.creator(this, Uri.parse("dataability:///com.example.
wordcardjava.WordDataAbility/words"));
    String[] columns = {"wordId","wordName","wordMeaning","wordEg","wordHelp"};
    DataAbilityPredicates dataAbilityPredicates = new DataAbilityPredicates();
    String wordName;
    String wordMeaning;
    String wordEg;
    String wordHelp = "goodgood";
    try {
        ResultSet rs = dataAbilityHelper.query(Uri.parse("dataability:///com.example.
wordcardjava.WordDataAbility/words"),columns,dataAbilityPredicates);
        int rowCount = rs.getRowCount();
        if(rowCount == 0){
            for(int i=0;i<initwords.size();i++){
                ValuesBucket valuesBucket = new ValuesBucket();
valuesBucket.putString("wordName",initwords.get(i).getWordName());
valuesBucket.putString("wordMeaning",initwords.get(i).getMeaning());
                valuesBucket.putString("wordEg",initwords.get(i).getEg());
valuesBucket.putString("wordHelp",initwords.get(i).getHelp());
                try {
                    int x = dataAbilityHelper.insert(Uri.parse("dataability:///com.example.
wordcardjava.WordDataAbility/words"),valuesBucket);
                    System.out.println(" --------------------->:" + x);
                } catch (DataAbilityRemoteException e) {
                    e.printStackTrace();
                }
            }
            ResultSet rsn = dataAbilityHelper.query(Uri.parse("dataability:///com.example.
wordcardjava.WordDataAbility/words"),columns,dataAbilityPredicates);
            int nrowCount = rsn.getRowCount();
            rsn.goToFirstRow();
            do {
                int wordid = rsn.getInt(0);
                wordName = rsn.getString(1);
                wordMeaning = rsn.getString(2);
                wordEg = rsn.getString(3);
                wordHelp = rsn.getString(4);
                words.add(new Word(wordid,wordName,wordMeaning,wordEg,wordHelp));
            }while (rsn.goToNextRow());
        }
        if(rowCount>0){
```

```
        rs.goToFirstRow();
        do {
            int wordid = rs.getInt(0);
            wordName = rs.getString(1);
            wordMeaning = rs.getString(2);
            wordEg = rs.getString(3);
            wordHelp = rs.getString(4);
            words.add(new Word(wordid,wordName,wordMeaning,wordEg,wordHelp));
        }while (rs.goToNextRow());
    }
} catch (DataAbilityRemoteException e) {
    e.printStackTrace();
}
return words;
}
```

为了将数据加载到 ListContainer 中，建立 WordItemProvider 类，专门负责传输数据。

```
WordItemProvider wordItemProvider = new WordItemProvider(data, this);
ListContainer.setItemProvider(wordItemProvider);
```

2. 建立单词

将单词卡片与单词详细界面相连接，需要利用 Intent 中的 Param；将本界面单击所产生的数据传输到详情界面。

```
ListContainer.setItemClickedListener((listContainer, component, position, id) ->{
        Intent detailIntent = new Intent();
        Operation operation =
                new Intent.OperationBuilder()
                        .withBundleName(getBundleName())
                        .withAbilityName(WordDetailAbility.class.getName())
                        .build();
        intent.setOperation(operation);
//System.out.println("--------------------->:"+ data.get(position).getWordID());
        String TheId = String.valueOf(data.get(position).getWordID());
//System.out.println("--------------------->:"+ TheId);
        intent.setParam(WordDetailAbilitySlice.INTENT_WordId, data.get(position).
getWordID());
        intent.setParam(WordDetailAbilitySlice.INTENT_WordName, data.get(position).
getWordName());
        intent.setParam(WordDetailAbilitySlice.INTENT_Meaning, data.get(position).
getMeaning());
        intent.setParam(WordDetailAbilitySlice.INTENT_Eg, data.get(position).getEg());
        intent.setParam(WordDetailAbilitySlice.INTENT_Help, data.get(position).getHelp());
        startAbility(intent);
    });
```

3. 删除单词

在单词的详情界面，设置删除单词 Button，通过单词的 ID 进行删除。

```
Button binBtn = findComponentById(ResourceTable.Id_deleteBtn);
```

```
binBtn.setClickedListener(component -> {
    try {
dataAbilityHelper.delete(Uri.parse("dataability:///com.example.wordcardjava.WordDataAbility/
words"),dataAbilityPredicates);
    } catch (DataAbilityRemoteException e) {
        e.printStackTrace();
    }
    present(new MainAbilitySlice(),new Intent());
});
```

4. 完整代码

文件20

开发单词卡片的完整代码请扫描二维码文件 20 获取。

9.3.4 背单词

本部分包括随机单词产生、判断正误和完整代码。

1. 随机单词产生

建立 rdadomNum 类,专门生成不重复的随机数组,函数利用随机数组获得不同单词进行出题。

```
Text wordname = (Text) findComponentById(ResourceTable.Id_text_helloworld);
wordname.setText(wordName);
Button success = (Button) findComponentById(ResourceTable.Id_success);
Button choose1 = (Button)findComponentById(ResourceTable.Id_choose1);
Button choose2 = (Button)findComponentById(ResourceTable.Id_choose2);
Button choose3 = (Button)findComponentById(ResourceTable.Id_choose3);
Button choose4 = (Button)findComponentById(ResourceTable.Id_choose4);
Button next = (Button) findComponentById(ResourceTable.Id_next);
Button back = (Button) findComponentById(ResourceTable.Id_goback);
back.setClickedListener(component -> present(new MainAbilitySlice(),new Intent()));
rdadomNum.getRandomNum(randNum,words.size(),wordId);
rdadomNum.getRandomNum(choose,4,2);
System.out.println("----------------------->:" + choose[3]);
choose1.setText(words.get(randNum[choose[0]]).getMeaning());
choose2.setText(words.get(randNum[choose[1]]).getMeaning());
choose3.setText(words.get(randNum[choose[2]]).getMeaning());
choose4.setText(words.get(randNum[choose[3]]).getMeaning());
String wordRmeaning = words.get(wordId).getMeaning();
```

2. 判断正误

将正确 ID 对应的释义或与选择拼写的单词相对比,正确则将隐藏的标志与下一题进行展示。

```
choose1.setClickedListener(component -> {
    if(wordRmeaning.equals(words.get(randNum[choose[0]]).getMeaning())){
        choose1.setTextColor(Color.GREEN);
        success.setVisibility(0);
```

```
                next.setVisibility(0);
            }
        });
        choose2.setClickedListener(component -> {
            if(wordRmeaning.equals(words.get(randNum[choose[1]]).getMeaning())){
                choose2.setTextColor(Color.GREEN);
                success.setVisibility(0);
                next.setVisibility(0);
            }
        });
        choose3.setClickedListener(component -> {
            if(wordRmeaning.equals(words.get(randNum[choose[2]]).getMeaning())){
                choose3.setTextColor(Color.GREEN);
                success.setVisibility(0);
                next.setVisibility(0);
            }
        });
        choose4.setClickedListener(component -> {
            if(wordRmeaning.equals(words.get(randNum[choose[3]]).getMeaning())){
                choose4.setTextColor(Color.GREEN);
                success.setVisibility(0);
                next.setVisibility(0);
            }
        });
        next.setClickedListener(component -> {
            success.setVisibility(2);
            next.setVisibility(2);
            choose1.setTextColor(Color.BLACK);
            choose2.setTextColor(Color.BLACK);
            choose3.setTextColor(Color.BLACK);
            choose4.setTextColor(Color.BLACK);
            present(new WordMeaningAbilitySlice(),new Intent());
        });
```

3. 完整代码

本部分包括 rdadomNum.java、WordMeaningAbilitySlice 和 WordSpellAbilitySlice，相关代码请扫描二维码文件 21 获取。

文件 21

9.4　成果展示

打开 App，应用初始界面如图 9-5 所示；初始界面展示 App 中已有的单词卡片，单击单词卡片可以进入单词详情界面，如图 9-6 所示；在主界面单击“＋”号可进入添加单词界面，单击完成即可成功添加并返回主界面，如图 9-7 所示；单击主界面的单词拼写，如图 9-8 所示；如果成功答题则进入单词正确界面，如图 9-9 所示。

图 9-5 应用初始界面

图 9-6 单词详情界面

图 9-7 单词添加界面

图 9-8 单词拼写界面

图 9-9 单词正确界面

项目 10

碎 片 阅 读

本项目通过鸿蒙系统开发工具 DevEco Studio，基于 Java 语言和 XML 布局，开发一款阅读 App，实现碎片化阅读。

10.1 总体设计

本部分包括系统架构和系统流程。

10.1.1 系统架构

系统架构如图 10-1 所示。

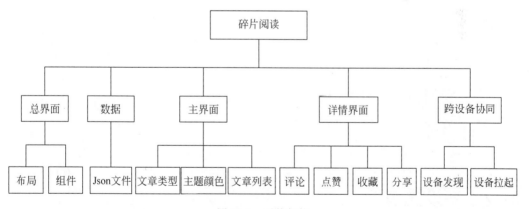

图 10-1 系统架构

10.1.2 系统流程

系统流程如图 10-2 所示。

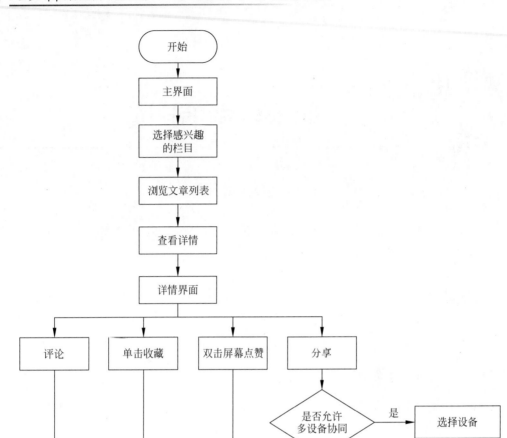

图 10-2　系统流程

10.2　开发工具

本项目使用 DevEco Studio 开发工具,安装过程如下。

(1) 注册开发者账号,完成注册并登录,在官网下载 DevEco Studio 并安装。

(2) 配置开发环境。

(3) 模板类型选择 Empty Feature Ability,设备类型选择 Phone,语言类型选择 Java,单击 Next 后填写相关信息。

(4) 创建后的应用目录结构如图 10-3 所示。

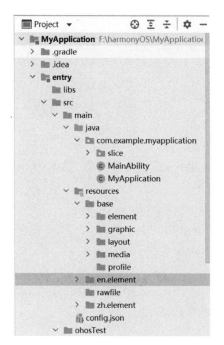

图 10-3　应用目录结构

（5）在 src/main/java/目录下进行分布式碎片阅读的应用开发。

10.3　开发实现

本部分包括界面设计和程序开发，下面分别给出各模块的功能介绍及相关代码。

10.3.1　界面设计

本部分包括图片导入和界面布局。

1. 图片导入

将选好的界面图片导入 project 文件中，选好作为操作
按钮的图片文件（. png 格式）保存在 resources/base/media
文件夹下，如图 10-4 所示。

2. 界面布局

本部分包括主界面、文章详情界面和分布式设备列表。

1）主界面

主界面设计步骤如下。

（1）使用层叠布局。

（2）设置用于切换阅读模式的 PageSlider 和 TabList 组件。

（3）顶部文章类别导航，Text 组件显示。

图 10-4　图片导入

（4）中间显示文章列表，组件 ListContainer。

（5）列表中文章设计、DirectionalLayout 布局、Text 和 Image 组件。

（6）护眼模式布局。

（7）夜间模式布局。

2）文章详情界面

文章详情界面设计步骤如下。

（1）文章内容 DependentLayout 布局。

（2）滚动查看 ScrollView 组件，显示文章内容、插图、Text 和 Image 组件，布局仍然是 DirectionalLayout。

（3）详情页底部菜单栏 DependentLayout 布局。

（4）输入评论窗口，TextField 组件。

（5）点赞收藏分享功能，Image 组件。

3）分布式设备列表

设备列表 StackLayout 嵌套 DirectionalLayout 布局，Text 组件。

相关代码请扫描二维码文件 22 获取。

文件 22

10.3.2　程序开发

本部分包括程序初始化、PageSlider 和 TabList 关联、切换文章列表、获取文章列表、获取文章数据、详情页获取数据、点赞收藏、分布式功能实现和完整代码。

1. 程序初始化

对主界面数据、组件、监听及后面要用到的方法进行初始化设置，相关代码请扫描二维码文件 23 获取。

文件 23

2. PageSlider 和 TabList 关联

将主界面底部的阅读模式标签与滑动界面进行关联，单击不同标签或滑动界面进行切换，并逐一对应。

```
//tabList 与 PageSlider 关联
//TabList 配置
tabList.addTabSelectedListener(new TabList.TabSelectedListener() {
    @Override
    //当某个 Tab 从未选中状态变为选中状态时的回调
    public void onSelected(TabList.Tab tab) {
        int index = tab.getPosition();              //获取单击菜单的索引
        //设置 pageSlider 的索引与菜单索引一致
        pageSlider.setCurrentPage(index);
    }
    @Override
    //当某个 Tab 从选中状态变为未选中状态时的回调
    public void onUnselected(TabList.Tab tab) { }
    @Override
    //当某个 Tab 已处于选中状态,再次被单击时的状态回调
```

```
        public void onReselected(TabList.Tab tab) { }
    });
    //PageSlider 配置
    //响应界面切换事件
    pageSlider.addPageChangedListener(new PageSlider.PageChangedListener() {
        @Override
        public void onPageSliding(int i, float v, int i1) {}
        @Override
        public void onPageSlideStateChanged(int i) {}
        @Override
        public void onPageChosen(int i) {
        //参数 i 表示当前界面 pageslider 的索引
            if(tabList.getSelectedTabIndex()!= i){
                tabList.selectTabAt(i);
            }
        }
    });
    //tablist 默认选中第一个菜单,加载 pageslider 第一个界面
    tabList.selectTabAt(0);
```

3. 切换文章列表

首页顶部有分类导航标签,单击对应的类型可以切换文章列表,相关代码请扫描二维码
文件 24 获取。

文件 24

4. 获取文章列表

主界面的布局包括上方的顶部栏和下方的列表项,整个列表项有多个 item,每个 item
包括标题和图片。与顶部类型相同,每个 item 中的 title 和 image 也是通过 provider 传递
的,NewsListProvider.java 相关代码如下。

```
public Component getComponent(int position, Component component, ComponentContainer
componentContainer) {
        ViewHolder viewHolder;
        Component temp = component;
        if (temp == null) {
            temp = LayoutScatter.getInstance(context).parse(ResourceTable.Layout_item_
news_layout, null, false);
            //将所有子组件通过 ViewHolder 绑定到列表项实例
            viewHolder = new ViewHolder();
            viewHolder.title = (Text) temp.findComponentById(ResourceTable.Id_item_news_
title);
            viewHolder.image = (Image) temp.findComponentById(ResourceTable.Id_item_news_
image);
            temp.setTag(viewHolder);
        } else {
            viewHolder = (ViewHolder) temp.getTag();
        }
        viewHolder.title.setText(newsInfoList.get(position).getTitle());

viewHolder.image.setPixelMap (CommonUtils.getPixelMapFromPath (context, newsInfoList.get
```

```
(position).getImgUrl()));
            return temp;
    }
```

单击某个 item 时，应用会跳转到全局详情界面，这时为 item 在 NewsListAbilitySlice. java 的 initListener()中添加一个监听。

```
newsListContainer.setItemClickedListener(
        (listContainer, component, position, id) -> {
            Intent intent = new Intent();
            Operation operation =
                    new Intent.OperationBuilder()
                            .withBundleName(getBundleName())
                            .withAbilityName(NewsAbility.class.getName())
                            .withAction("action.detail")
                            .build();
            intent.setOperation(operation);
                intent.setParam(NewsDetailAbilitySlice.INTENT_TITLE, newsDataList.get
(position).getTitle());
                intent.setParam(NewsDetailAbilitySlice.INTENT_READ, newsDataList.get
(position).getReads());
                intent.setParam(NewsDetailAbilitySlice.INTENT_LIKE, newsDataList.get
(position).getLikes());
                intent.setParam(NewsDetailAbilitySlice.INTENT_CONTENT, newsDataList.get
(position).getContent());
                intent.setParam(NewsDetailAbilitySlice.INTENT_IMAGE, newsDataList.get
(position).getImgUrl());
            startAbility(intent);
        });
```

5. 获取文章数据

将用到的新闻数据事先预置在 resources/rawfile 目录下的 Json 文件中，相关代码请扫描二维码文件 25 获取。

文件 25

6. 详情页获取数据

详情页接收来自 NewsListAbilitySlice 界面的数据并显示，菜单栏图片组件绑定对应事件在 NewsDetailAbilitySlice. java 的 onStart()中，相关代码请扫描二维码文件 26 获取。

文件 26

7. 点赞收藏

双击屏幕点赞，再次双击取消点赞；单击星星收藏，双击取消收藏。相关代码请扫描二维码文件 27 获取。

文件 27

8. 分布式功能实现

单击界面底部右下角分享按钮时，会进行设备发现操作，并将发现的设备列表进行展示，此处设置 setTouchEventListener 和 setClickedListener 监听，在 NewsDetailAbilitySlice. java 的 onStart()中添加 initListener()，相关代码请扫描二维码文件 28 获取。

文件 28

9. 完整代码

程序开发的完整代码请扫描二维码文件 29 获取。

文件 29

10.4　成果展示

打开 App,应用初始界面如图 10-5 所示,顶部是类别导航栏,底部是阅读模式选择的 Tab,中间是文章列表。

选择科普则切换成科普类的文章列表,选择护眼模式或夜间模式会改变主题颜色,如图 10-6 所示。

图 10-5　应用初始界面

图 10-6　其他两种主题

单击一篇文章,进入详情界面,显示文章标题、作者、来源、正文等数据,底部是对文章操作的按钮,从左到右顺序为评论、收藏、点赞、分享。在消息框内可以输入对文章的评论,单击星星可以收藏文章,星星变红色;双击屏幕任意地方可以点赞,图标变成黄色;单击分享按钮可以拉起设备列表。

单击分享按钮拉起设备列表,选择要迁移的设备后,当前查看的文章界面会在目标设备上显示,以实现设备间的迁移功能。

项目 11

在 线 词 典

本项目通过鸿蒙系统开发工具 DevEco Studio,基于 Java 开发一款在线词典 App,实现英文翻译。

11.1　总体设计

本部分包括系统架构和系统流程。

11.1.1　系统架构

系统架构如图 11-1 所示。

11.1.2　系统流程

系统流程如图 11-2 所示。

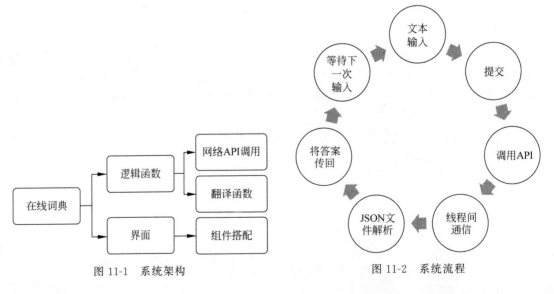

图 11-1　系统架构　　　　　　　　　图 11-2　系统流程

11.2　开发工具

本项目使用 DevEco Studio 开发工具,安装过程如下。

(1) 注册开发者账号,完成注册并登录,在官网下载 DevEco Studio 并安装。

(2) 下载并安装 Node.js。

(3) 模板类型选择 Empty Feature Ability,设备类型选择 Phone,语言类型选择 Java,单击 Next 后填写相关信息。

(4) 创建后的应用目录结构如图 11-3 所示。

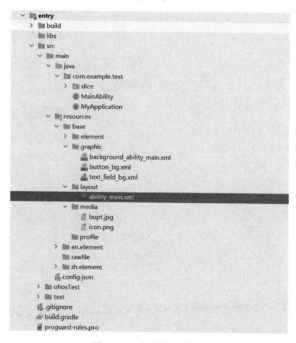

图 11-3　应用目录结构

(5) 在 src/main/java 目录下进行在线词典的应用开发。

11.3　开发实现

本部分包括界面设计和程序开发,下面分别给出各模块的功能介绍及相关代码。

11.3.1　界面设计

本部分包括图片导入、界面布局和完整代码。

1. 图片导入

将选好的界面图片导入 src/java/resources 文件中,如图 11-4 所示。

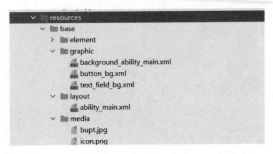

图 11-4　图片导入

2．界面布局

在线词典的界面布局如下。

（1）使用组件设置界面区域布局，布局方式采用 DirectionalLayout，组件布局方式采用 vertical。

（2）设置背景图片的布局及样式资源的加载路径，图片导入如图 11-5 所示。

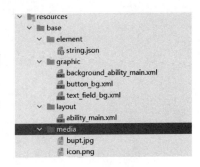

图 11-5　图片导入

```
< Image
        ohos:height = "match_content"
        ohos:width = "match_content"
        ohos:image_src = " $ media:bupt"
        ohos:layout_alignment = "horizontal_center"
        ohos:scale_x = "3"
        ohos:scale_y = "7"
        />
```

（3）实现对 XML 界面组件的属性设置。

```
< Text
        ohos:height = "match_content"
        ohos:width = "match_content"
        ohos:background_element = " $ graphic:background_ability_main"
        ohos:layout_alignment = "horizontal_center"
        ohos:text = "我的词典"
        ohos:text_size = "40vp"
        />
    < TextField
        ohos:id = " $ + id:textField1"
        ohos:height = "match_content"
        ohos:width = "match_parent"
        ohos:text = "test"
        ohos:text_size = "40vp"
        ohos:background_element = " $ graphic:text_field_bg"
        />
    < Button
        ohos:id = " $ + id:button1"
```

```
    ohos:height = "match_content"
    ohos:width = "match_parent"
    ohos:text = "翻译"
    ohos:margin = "20vp"
    ohos:text_size = "40vp"
    ohos:background_element = " $ graphic:button_bg"
    />
< Text
    ohos:id = " $ + id:resultText"
    ohos:height = "match_content"
    ohos:width = "match_content"
    ohos:text = "结果显示"
    ohos:text_size = "40vp"
    />
```

3. 完整代码

界面设计完整代码请扫描二维码文件 30 获取。

文件 30

11.3.2　程序开发

本部分包括程序初始化、网络的访问、调用 API、按钮监听事件、翻译功能、线程间通信，相关代码请扫描二维码文件 31 获取。

文件 31

11.4　成果展示

打开 App,应用初始界面如图 11-6 所示；单击翻译按钮时,会触发事件,翻译 test 为测试,如图 11-7 所示；输入 birthday,单击翻译按钮时,会触发事件,翻译 birthday 为生日,如图 11-8 所示；输入 math,单击翻译按钮时,会触发事件,翻译 math 为数学,如图 11-9 所示。

图 11-6　应用初始界面　　　　图 11-7　单击翻译后界面

图 11-8　输入 birthday 界面　　　　　　图 11-9　输入 math 界面

项目 12

英 语 阅 读

本项目通过鸿蒙系统开发工具 DevEco Studio，基于 eTS 开发英语阅读 App，实现查询单词等功能。

12.1　总体设计

本部分包括系统架构和系统流程。

12.1.1　系统架构

系统架构如图 12-1 所示。

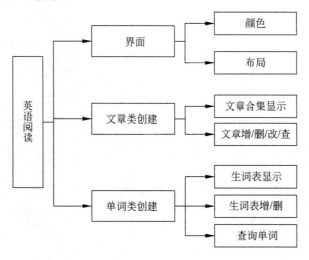

图 12-1　系统架构

12.1.2　系统流程

系统流程如图 12-2 所示。

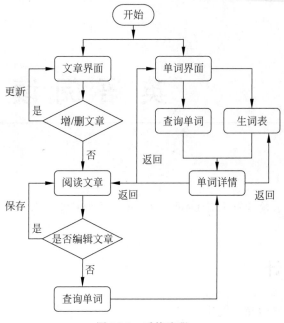

图 12-2　系统流程

12.2　开发工具

本项目使用 DevEco Studio 开发工具,安装过程如下。

(1) 注册开发者账号,完成注册并登录,在官网下载 DevEco Studio 并安装。

(2) 下载并安装 Node.js。

(3) 模板类型选择 Empty Feature Ability,设备类型选择 Phone,语言类型选择 Java,单击 Next 后填写相关信息。

(4) 创建后的应用目录结构如图 12-3 所示。

(5) 在 src/main/ets 目录下进行英语阅读的应用开发。

12.3　开发实现

本部分包括界面设计和程序开发,下面分别给出各模块的功能介绍及相关代码。

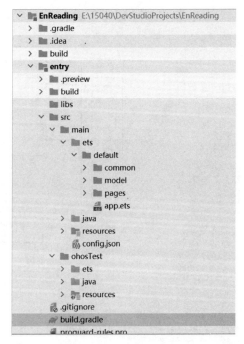

图 12-3　应用目录结构

12.3.1 界面设计

本部分包括图片导入和界面布局。

1. 图片导入

将选好的界面图片导入 project 文件中,保存在两个位置;一是表达各按钮含义的图片文件(.png 格式)保存在 src/main/resource/base/media 文件夹下;二是底部导航栏的图标保存在 src/main/resource/rawfile 文件夹下,如图 12-4 所示。

2. 界面布局

(1) Pages/ArticlePage 文章显示界面的 Index()入口组件,由顶部提示组件、文章列表 ArticleList()组件、单词界面 WordPage()组件及底部页签 HomeBottom()组件构成。其中文章列表显示或者单词界面由条件语句 if...else...控制,跟随@Provide currentPage(number)变化。

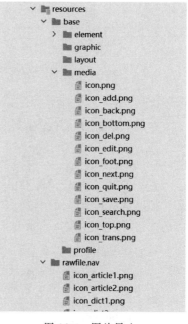

图 12-4 图片导入

```
//文件入口组件
@Entry
@Component
struct Index {
  @Provide currentPage: number = 1          //全局变量 currentPage
  @StorageLink("articleItems") articleItems: ArticleData[] = ArticleDataArray
  build() {
    Column() {
      //顶部栏
      Flex({ justifyContent: FlexAlign.Start, alignItems: ItemAlign.Center }) {
        if (this.currentPage == 1) {
          Text('Articles')
            .fontSize(20)
            .margin({ left: 20 })
        } else if (this.currentPage == 2) {
          Text('Words')
            .fontSize(20)
            .margin({ left: 20 })
        }
      }
      .height(55)
      .backgroundColor('#f1f3f5')
      Column() {
        if (this.currentPage == 1) {
//文章界面显示
          ArticleList({ articleItems: $ articleItems})
        } else if (this.currentPage == 2) {
```

```
        //单词界面
        WordPage()
      }
    }.height(570)
    //底部页签栏
    HomeBottom()
  }
  .backgroundColor("white")
  }
}
```

在每个界面的上方都有 Text() 组件构成的提示栏。

```
Text('Words')
  .fontSize(20)
  .margin({ left: 20 })
```

如果是从其他界面跳转而来,左上角有一个图片和 onClick() 事件所构成的返回上级界面的按钮,可以使用 Navigator 和 router.back() 两种方式。

第一种方式:

```
Navigator({ target: 'pages/ArticlePage', type: NavigationType.Back }) {
  Image( $ r('app.media.icon_back'))
    .width(21.8)
    .height(19.6)
    .margin({ left: 20 })
}
```

第二种方式:

```
Image( $ r('app.media.icon_back'))
  .width(21.8)
  .height(19.6)
  .margin({ left: 20 })
  .onClick(() = > {
    router.back()
  })
```

(2) 文章列表显示组件,调用 ets/default/common/articleList.ets 中的自定义 ArticleList()组件显示文章合集。

在 ArticleList()组件中,最外层为堆叠容器 Stack()组件,然后是可滚动容器 Scroll()组件,这里引入可滚动容器组件的控制器 Scroller,设置 3 个按钮,分别用于控制 Scroll()组件到达顶部、底部和翻页。

3 个按钮用弹性布局 Flex()组件包裹,主轴方向为纵轴。其中 3 个按钮都是圆形,分别插入向上、向下、翻页的图片,单击触发事件,相关代码请扫描二维码文件 32 获取。

文件 32

(3) 单击文章显示界面 pages/ArticlePage 中所对应的 ListItem(),跳转到详情界面 pages/ArticleDetails。在该界面可以编辑和阅读文章,上个界面单击添加按钮,也会跳转到该界面。界面跳转时,传递的参数是被选中文章的数据 articleItem 及该文章的索引,如果添加文章,则索引为-1。

该界面入口 ArticleDetails( )组件中,有 3 个被@Provide 修饰的数据,isTranslated(boolean)表示是否显示译文,isEditing(boolean)表示文章是否处于编辑状态及文章数据articleItem,数据类型为 ArticleData 类。

包含 4 个子组件:顶部提示栏 PageTitle( )、文章详情显示 ArticleDisplay( )组件、编辑按钮 EditButton( )、单词查询按钮 WordSearchButton( ),相关代码请扫描二维码文件 33获取。

文件 33

(4) 单词界面 pages/WordPage 的入口组件为 WordPage( ),该组件可导出,前面利用if...else...语句控制该组件与 ArticleList( )组件的切换。故在单词界面的顶部栏和顶部导航栏都与文章显示界面一致,只是顶部栏上的文字变为 Words。

WordPage( )组件的 build( )方法中是一个 Column( )组件,包含 Row( )和自定义的WordList( )子组件。

其中 Row( )组件包含一张图片 Image( )和文本框 Text( ),单击可跳转单词查询界面pages/WordSearch。

(5) 单词查询界面 pages/WordSearch 可由单词界面中的 Text(输入英文单词)跳转得到,也可以由文章详情界面中的单词查询按钮跳转得到。

界面入口为 WordSearch( )组件,同样有顶部栏 PageTitle( )作为子组件,此外有一个包含 Image( )和 TextInput( )的 Row( )组件作为搜索框。

(6) 单词详情界面 pages/WordDetails 可由生词本中的单词或者搜索得到的单词单击跳转得到。界面的入口为 WordDetails( )组件。最外层为 Flex( )组件,主轴为纵轴,横轴方向居中。其中包含的子组件如下:顶部栏 PageTitle( )、单词详情展示 WordDisplay( )、添加到生词本按钮 Button( )。

单词详情展示 WordDisplay( )组件,最外层为 Column( )组件,里面穿插着 Text( )组件和 Divider 组件,依次展示单词、音标、释义、例句、形近词等信息。

(4)~(6)相关代码请扫描二维码文件 34 获取。

12.3.2　程序开发

本部分包括程序初始化、添加/编辑文章、删除文章、查询单词、收藏/删除单词。

1. 程序初始化

在 model/ArticleData..ets 中创建导出类 ArticleData( ),用于储存文章数据,相关代码请扫描二维码文件 35 获取。

文件 34

2. 添加/编辑文章

在文章显示界面,ArticleList( )组件用于遍历展示文章数据,单击该组件中的添加文章按钮 AddArticleButton( ),跳转到文章详情界面,参数为一个空的 ArticleData 类型的变量以及索引值-1,相关代码请扫描二维码文件 36 获取。

文件 35

文件 36

3．删除文章

在文章列表 ArticleList（）组件中，用 @State 装饰控制是否进入多选状态的变量 mulChoice(boolean)和多选状态下选中要被删除的数组元素索引集合 delItemList(number[])，以便更新渲染。

对于每个 ListItem（），长按会触发事件进入多选状态，此时会在 ListItem（）的右边显示一个自定义复选框，原来列表中显示文章内容部分变窄，长按事件代码请扫描二维码文件 37 获取。

文件 37

4．查询单词

通过 config.json 申请 ohos.permission.INTERNET 权限。在 pages/WordSearch 单词查询界面中，入口为 WordSearch（）组件，用 @State 装饰储存搜索结果的变量 result (Word[])和用于判断是否请求成功的变量 isRequestSucceed(boolean)，以便在状态变量改变时更新渲染。

```
@State result: Array < Word > = new Array < Word >()
@State isRequestSucceed: boolean = false
```

自定义 queryWord 方法请求数据，解析返回的数据。变量 result 中最多储存 10 条搜索结果。

```
queryWord(value:string) {
  //创建 http
  let httpRequest = http.createHttp()
  //请求数据
httpRequest.request('http://hn216.api.yesapi.cn/api/App/Common_Dictionary/Search',
    {
      method: http.POST,
      //当使用 POST 请求时，此字段用于传递内容
      extraData: {
        'app_key': '4DF427CF9268D5DBF06651B5917070BF',
        'return_data': '0',
        'sign': '8695DF722BE6808B1B5B20DFA0FCD2A5',
        'keyWord': value,
      }
    },
    (err, data) => {
      if (!err) {
        if (data.responseCode == 200) {      //请求成功
          console.info('===== data.result ===== ' + data.result)
          //解析数据
          var wordModel: WordModel = JSON.parse(data.result.toString())
          //判断接口返回码，0 为成功
          if (wordModel.data.err_code == 0) {
            let length = wordModel.data.result.length < 10 ? wordModel.data.result.length : 10
            for (let i = 0; i < length; i++) {
              let word = wordModel.data.result[i]
              this.result.push(word)
```

```
                    }
                    this.isRequestSucceed = true
                } else {
                    //接口异常,弹出提示
                    prompt.showToast({ message: wordModel.data.err_msg })
                }
            } else {
                //请求失败,弹出提示
                prompt.showToast({ message: '网络异常' })
            }
        } else {
            //请求失败,弹出提示
            prompt.showToast({ message: err.message })
        }
    })
}
```

5. 收藏/删除单词

本部分包括收藏和删除单词。

1) 收藏单词

当跳转到单词详情界面 pages/WordDetails 时,在入口 WordDetails()组件中,通过 @StorageLink 与 PersistentStorage 建立连接,实现单词数据的持久化。

```
@StorageLink("wordItems") wordItems: WordData[] = wordItems
```

当单击添加到生词本按钮时,若该单词未被收藏,则将显示的单词 push 到 wordItems 中;若已经被收藏,弹窗提示。

```
.onClick(() => {
    if (this.wordItems.indexOf(this.wordData) != -1) {     //如果单词已经在生词表中
        prompt.showToast({ message: '已经在生词表中!' })
    } else{
        this.wordItems.push(this.wordData)
        prompt.showToast({ message: '添加成功!' })
    }
})
```

2) 删除单词

在 pages/WordPage 单词界面中,生词本 WordList()组件中的 ListItem()组件被长按时,触发事件,使得 wordItems 对应索引的单词被删除,由于是双向数据绑定 PersistentStorage 中 wordItems 对应的值也被改变。

```
.gesture(
LongPressGesture({ repeat: true })
    //长按动作结束触发
  .onActionEnd(() => {
    //弹窗确认删除
    AlertDialog.show({
      message: '是否删除?',
```

```
//第一个按钮,确认
primaryButton: { value: '确认', action: () => {
    this.wordItems.splice(item.i, 1)
    prompt.showToast({ message: '删除成功!' })
  }
},
//第二个按钮,取消
secondaryButton: {
    value: '取消',
    action: () => {
    }
  }
 })
})
)
```

12.4 成果展示

如图 12-5(a)所示,默认进入文章界面,界面中显示的是文章列表合集,左上方三个按钮的作用分别是回到顶部、底部及翻页,右下方的按钮功能是添加新的文章。若长按其中任意一篇文章,会进入多选状态。如图 12-5(b)所示,此时每篇文章都可以被选中,选中后单击删除按钮,删除并退出多选状态。

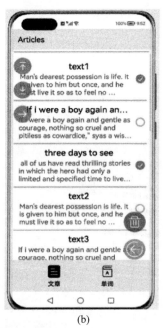

(a)　　　　　　　　　　(b)

图 12-5　应用初始界面

在退出多选的状态下单击图 12-5 中任意一篇文章，进入文章详情界面，默认只显示英文原文，单击顶部栏右边翻译图标可以中英对照阅读。右下角两个按钮分别是编辑按钮和单词查询按钮。

如图 12-6 所示，单击右下角添加文章按钮，进入文章详情界面，此时默认为编辑状态，顶部栏字样为 Adding，右下角的编辑按钮 Edit，变为保存按钮 Save。单击顶部栏右侧翻译图标，可以输入译文。

如图 12-7 所示，单击右下方单词查询按钮，进入单词查询界面（图 12-7(a)），输入待查的单词，获取一系列结果，单击任意项可以进入单词详情页（图 12-7(b)）。在单词详情页中，单击添加到生词本按钮可以将该单词加入生词本。单击左上方返回图标可以返回上一级界面。

如图 12-8 所示，单击顶部导航栏的单词页签，进入单词界面，划到底部可以看见添加的单词 expand，长按某一单词可以将其删除。

图 12-6 文章详情界面——
添加文章

(a)   (b)

图 12-7 单词查询/详情界面

图 12-8 单词界面

学 习 答 题

本项目通过鸿蒙系统开发工具 DevEco Studio,基于 JavaScript 开发一款手机应用程序,打造思政主题的学习答题类平台,实现向青年学生群体提供知识答题、书籍推荐、学习心得记录等功能。

13.1 总体设计

本部分包括系统架构和系统流程。

13.1.1 系统架构

系统架构如图 13-1 所示。

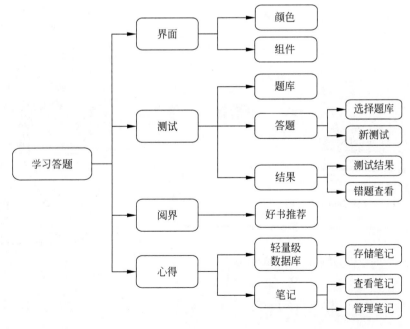

图 13-1 系统架构

13.1.2　系统流程

系统流程如图 13-2 所示。

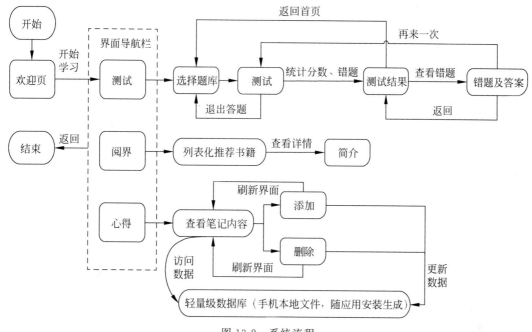

图 13-2　系统流程

13.2　开发工具

本项目使用 Windows 系统的 DevEco Studio 开发工具,安装过程如下。

（1）注册开发者账号,完成注册并登录,在官网下载 DevEco Studio 并安装。

（2）下载并安装 Node.js。

（3）模板类型选择 Empty Feature Ability,设备类型选择 Phone,语言类型选择 Java,单击 Next 后填写相关信息。

（4）创建后的应用目录结构如图 13-3 所示。

（5）在 src/main/js 目录下进行手机学习答题的应用开发,项目目录如表 13-1 所示。

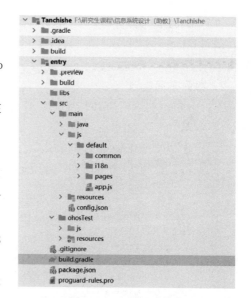

图 13-3　应用目录结构

表 13-1　项目目录

common/images	存放图片（jpg、webp 等格式）
common/BOOK. js	对象数组形式存放书籍信息，作为被引模块
common/TEST. js	对象数组形式存储题库，作为被引模块
pages/detail	查看书籍简介界面
pages/home	测试模块首页，选择题库界面
pages/index	进入应用欢迎页
pages/Learn	阅界模块首页，展示推荐信息
pages/note	心得模块首页，显示笔记内容
pages/results	测试结果界面
pages/test	答题界面
pages/viewWrong	查看错题界面
pages/writeNote	添加笔记界面
pages/util. js	定义格式化时间函数，作为被引模块
config. json	项目配置信息

13.3　开发实现

本部分包括界面设计和程序开发，下面分别给出各模块的功能介绍及相关代码。

13.3.1　界面设计

本部分包括图片导入、界面布局和完整代码。

1．图片导入

将各书籍图片（jpg、webp 等格式）导入 js/default/common/images 文件夹下，并修改成合适的文件名，如图 13-4 所示。

2．界面布局

本部分包括测试模块、阅界模块、心得模块和界面导航栏的界面布局。

（1）测试模块。List 组件列表化展示题库，选择题库后通过 onclick 方法携带题库名跳转到答题界面（test. js）。

图 13-4　图片导入

```
< text class = "order">请选择试题:</text >
    < list >
        < block for = "test">
        < list - item class = "listItem">
            < text onclick = "toTestPage" class = "title">{{ $ item}}</text >
        </list - item >
        </block >
    </list >
```

在答题界面内,标题栏为所选题库名,div 容器内存放题目序号、题干、题目类型、分值及提示语。

```
< text style = "text - align:center;height:60 % ;width:100 % ;color:black; font - size: 32px ;">
{{testId}}</text >
< text class = " page _ _ title" >{{ index + 1}}、{{ thisQuestionList[ shuffleIndex[ index]].
question}}{{thisQuestionList[shuffleIndex[ index]]. type == 1||thisQuestionList[shuffleIndex
[ index]]. type == 3?"【单选】":"【多选】"}}({{thisQuestionList[ shuffleIndex[ index]]. scores}}
分)</text >
< text >(请手动重新勾选答案)</text >
```

答案选项由 List 组件实现循环渲染,if 条件渲染判断是多选题还是单选题,多选框与单选框通过 input 组件的 type 属性设置,其中 radio 为单选,checkbox 为多选。

```
< list class = "lists">
 < list - item class = "listitem" for = "{{thisQuestionList[shuffleIndex[ index]].option}}"
if = "{{thisQuestionList[shuffleIndex[index]].type == 1}}" >
 < div >
 < input onchange = "radioChange"name = "single"
type = "radio"checked = "{{thisQuestionList[shuffleIndex[ index]].checked}}" value = "{{ $ item.
index}}"></ input >
       < text class = "CON">{{ $ item.index}}、{{ $ item.con}}</text >
 </div >
 </list - item >
 < list - item class = "listitem" for = "{{thisQuestionList[shuffleIndex[ index]].option}}"
if = "{{thisQuestionList[shuffleIndex[index]].type == 2}}" >
       < div >
       < input onchange = "checkboxChange" name = "multiple" type = "checkbox" checked =
"{{thisQuestionList[shuffleIndex[ index]].checked}}" value = "{{ $ item.index}}"></ input >
       < text class = "CON">{{ $ item.index}}、{{ $ item.con}}</text >
       </div >
   </list - item >
</list >
```

通过 button 组件实现上一题、下一题、提交。采用 if 条件渲染,若为第一题则不显示上一题按钮,若是最后一题则不显示下一题按钮而显示提交。button 的 onclick 方法绑定单击按钮事件,单击上一题、下一题切换题目,单击提交按钮将跳转测试结果界面。

```
< button class = 'btn'type = "capsule" onclick = 'lastSubmit' if = "{{index > 0}}">上一题</button >
< button class = 'btn'type = "capsule" onclick = 'finalSubmit' if = "{{index == shuffleIndex.
length - 1}}">提交</button >
< button class = 'btn'type = "capsule" onclick = 'nextSubmit' if = "{{index < shuffleIndex.length -
1}}">下一题</button >
```

(2)阅界模块。List 组件列表化展示书籍信息,包括书名、作者及书籍封面,List 的 scrollbar 属性为 ON 时表示显示滚动条。

```
< list scrollbar = "on">
    < list - item for = "{{bookList}}" class = "listitem">
        < div >
            < image src = "{{ $ item.pic}}"></ image >
        </div >
```

```
< div style = "flex - direction: column;justify - content: center;">
    < text class = "txt1">书名:«{{ $ item.name}}»</text >
    < text class = "txt1">作者:{{ $ item.author}}</text >
    < text id = "{{ $ idx}}" class = "txt1" onclick = "bookDetail">查看简介</text >
</div >
  </list - item >
</list >
```

单击查看简介进入更详细的书籍介绍页,界面布局设置为 flex-direction:column,从上至下依次显示书名、图片、作者及内容,文本内容通过 List 组件 scrollbar＝"on"属性实现上下滑动。

```
< list scrollbar = "on" style = "height:60 % ;flex: 1;">
    < list - item >
    < label class = "content">{{bookList[bookId].content}}</label >
    </list - item >
</list >
```

(3) 心得模块。if 条件渲染,当笔记为空即 flag 为 0 时显示提示语,否则通过 List 组件循环渲染笔记数组。

```
< div if = "{{flag}}">
    < list >
        < list - item for = "{{theNote}}">
            < text >{{ $ item}}</text >
            <!-- 删除按钮 -->
            < div >
            < text onclick = "deleteNote" class = "delete" id = "{{ $ idx}}">删除</text >
            </div >
        </list - item >
    </list >
</div >
< text else class = "toast">什么都没有哦,快去写下你的心得吧~</text >
```

textarea 组件支持多行文本输入,实现添加笔记功能,extend 属性为 true 使得输入框随文本内容高度变化,maxlength 设置文本内容上限,placeholder 为文本占位符兼提示语。

```
< textarea id = "textarea" class = "textarea" extend = "true" maxlength = "150" placeholder = "写下你的心得~上限 150 字哦"
onchange = "change" softkeyboardenabled = "true">
</textarea >
```

(4) 界面导航栏。在题库(home.js)、阅界(Learn.js)、心得(note.js)3 个界面导航栏完成跳转,通过 tar-bar 组件实现。if 条件渲染控制文本下画线的有或无。onclick 方法绑定单击 tab 事件,在 JS 逻辑内实现导航栏文本颜色的变化。

```
< tab - bar class = "tab_bar " mode = "scrollable" >
    < div class = "tab_item" for = "tab.list" >
        < text onclick = "changeTabactive" style = "color: {{ $ item.color}};">{{ $ item.title}}</text >
        < div class = "underline - show" if = "{{ $ item.show}}"></div >
        < div class = "underline - hide" if = "{{! $ item.show}}"></div >
    </div >
</tab - bar >
```

3. 完整代码

界面设计完整代码请扫描二维码文件 38 获取。

文件 38

13.3.2 程序开发

本部分包括题库存储、选择题库生成测试、答题及结果统计、测试结果及查看错题、阅界查看推荐书籍、心得查看、管理笔记和完整代码。

1. 题库存储

以对象形式存储题库(questionList),包括各子题库名,子题库数组内每个对象元素定义题干(question)、选项(option)、正确答案(true)、题目类型(type:1 为单选,2 为多选)、题目分值(scores)、选项被选状态(checked)。相关代码请扫描二维码文件 39 获取。

文件 39

2. 选择题库生成测试

用户在 pages/home/home.js 界面选择题库后,前端将题库名 testId 传至 JavaScript 逻辑,执行函数携带 testId 跳转到测试界面。相关代码请扫描二维码文件 40 获取。

文件 40

3. 答题及结果统计

用户单击单选框或多选框选择答案,存储在 chooseValue 数组内,每答完一题将 chooseError 函数进行正误判断并记录当前分值 totalScore,存储错题序号到 wrongList 和 wrongListSort 中,其中前者存储错题在子题库中的序号,后者存储错题在本次测试中的序号。相关代码请扫描二维码文件 41 获取。

文件 41

4. 测试结果及查看错题

结果显示与错题显示部分没有复杂的逻辑,接收跳转界面携带的参数后显示对应内容即可,根据分数的等级将显示不同的标语。

```
pages/results/results.js:
    data: {
        remark:["不积跬步,无以至千里.","温故而知新.","吃一堑,长一智."]     //评语
        }
pages/results/results.hml:
<!-- 标语 -->
        <text style = "text-align: center;font-size:36px;">{{totalScore == 100?remark[0]:
(totalScore >= 80?remark[1]:remark[2])}}</text> <!-- 评价 -->
```

5. 阅界查看推荐书籍

书籍信息以对象数组形式存储在 common/BOOK.js 内。

```
export default{
    data:{
        bookList:[
            {
                name:"共产党宣言",
                pic:"common/images/gongchandangxuanyan.jpg",
                author:"马克思,恩格斯",
                content:"正如列宁所说:"这本书篇幅不多……于这个国家。"
            },
```

```
            ...
        ]
    }
}
```

在其他 JavaScript 文件中引用的格式如下。

```
    import BOOK from '../../common/BOOK.js';        //引用书籍信息
export default {
    data: {
        bookList:BOOK.data.bookList
    }
}
```

用户单击对应书籍的查看简介,通过 bookId,在 bookList 中的数组下标跳转至 detail.js 界面,显示更多书籍介绍信息。

```
//跳转界面,查看简介详情
    bookDetail:function(e){
        let bookId = e.target.attr.id;            //bookId 是在数组中的下标
        router.push({
            uri:'pages/detail/detail',
            params:{                              //跳转界面并传递参数
                bookId:bookId
            }
        })
    }
```

6. 心得查看、管理笔记

文件 42

引入轻量级存储 API 接口,获得数据库 mystore 对象方式请扫描二维码文件 42 获取。

7. 完整代码

文件 43

程序开发完整代码请扫描二维码文件 43 获取。

13.4　成果展示

本项目使用远程真机调试,每次调试前需要登录华为账号并进行签名才能正常运行应用,具体步骤如下。

工具—device manager—remote devices—phone 中选择满足 API 6 的机型。

文件—project structure—projects—signing configs 中勾选 Automatically generate signing 完成签名。

打开 App,应用初始界面如图 13-5 所示。

单击开始学习按钮进入应用,默认位于测试界面,选择任一题库可进入测试,如图 13-6 所示。

在界面导航栏切换到阅界界面,列表显示推荐书籍,单击查看简介进入详情界面。

图 13-5　应用初始界面　　　　　图 13-6　选择题库界面

在导航栏切换到心得界面，列表显示笔记，若笔记为空，则显示标语，如图 13-7 所示。单击添加按钮进入添加笔记界面，在输入框里可输入 200 字以内的文本内容，单击保存按钮即可保存笔记，如图 13-8 所示。

图 13-7　心得界面(笔记空)　　　　　图 13-8　添加笔记操作

在心得界面还可以对笔记进行删除操作,如图 13-9 所示。

图 13-9　删除笔记操作

项目 14 阅 读 陪 伴

本项目通过鸿蒙系统开发工具 DevEco Studio,基于 Java 开发一款阅读 App,实现在阅读时音乐陪伴并进行记录、计时。

14.1 总体设计

本部分包括系统架构和系统流程。

14.1.1 系统架构

系统架构如图 14-1 所示。

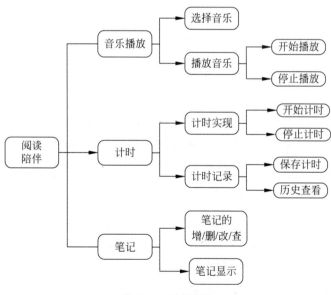

图 14-1 系统架构

14.1.2 系统流程

系统流程如图 14-2 所示。

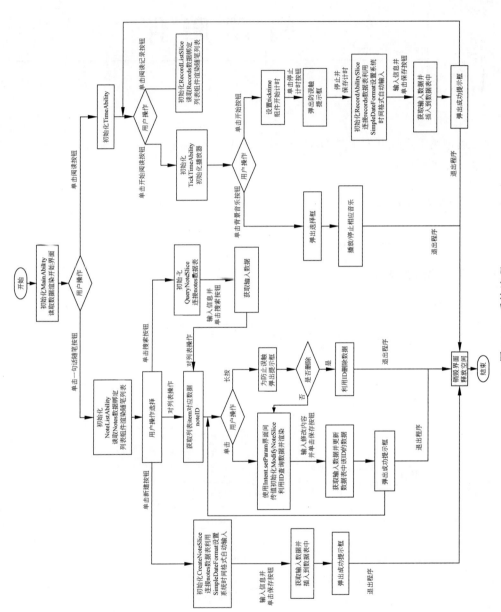

图 14-2　系统流程

14.2　开发工具

本项目使用 DevEco Studio 3.0 开发工具,安装过程如下。

(1) 登录华为应用开发官网,下载 DevEco Studio 并安装。

(2) 下载 Node.js 并安装。

(3) 打开 DevEco Studio,单击 configure→settings → SDK Manager → HarmonyOS Legacy SDK,下载所需组件。

创建 Java 工程步骤如下。

(1) 打开 DevEco Studio,单击 Create Project,选择 Empty Ability。

(2) 设备类型选择 Phone,语言类型选择 Java,project type 类型选择 Application。

(3) 单击 Finish 创建工程。

(4) 创建后的应用目录结构如图 14-3 所示。

(5) 在 src/main/java 目录下进行阅读陪伴项目的应用开发。

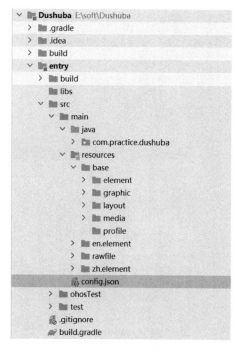

图 14-3　应用目录结构

14.3　开发实现

本部分包括逻辑功能、界面设计和数据库搭建,下面分别给出各模块的功能介绍及相关代码。

14.3.1　逻辑功能

本部分包括 Page 初始化与界面渲染、界面跳转、单击事件监听、输入框组件、音乐播放器的实现、计时功能、弹窗组件、创建笔记(记录,插入操作,以创建笔记为例)、修改笔记(update 操作)、删除笔记(delete 操作)、搜索笔记(query 方法)、列表实现、列表单击事件的监听(以单击跳转为例)、列表长按事件监听、Tab 导航栏,相关代码请扫描二维码文件 44 获取。

文件 44

14.3.2　界面设计

本部分包括图片导入和界面布局。

1. 图片导入

将程序界面设计所需要的图片,例如背景、按钮图标、应用图标等保存在 resources 目录下的 media 文件内,如图 14-4 所示。

2. 界面布局

本应用程序的界面主要由 XML 布局和背景设置文件组成。在文件中定义界面整体布局以及界面中的组件,背景设置文件为某一类组件设置统一的背景格式,如图 14-5 所示,相关代码请扫描二维码文件 45 获取。

文件 45

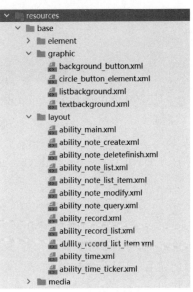

图 14-4 图片导入

图 14-5 界面设计

14.3.3 数据库搭建

本程序中使用的数据库是 HarmonyOS 提供的基于 SQLite 的关系型数据库,共建立两个数据表 notes 和 records,分别存储随笔数据和阅读记录数据。

文件 46

搭建数据库使用 DateAbility 模板,还需要重写操作方法。以 notes 数据表为例,相关代码请扫描二维码文件 46 获取。

14.4 成果展示

打开 App,应用开始界面如图 14-6 所示。开始界面由导航按钮和统计数据显示组成。

单击阅读计时按钮,可以导航进入阅读计时模块,如图 14-7 所示。单击开始阅读按钮与阅读记录按钮会分别导航到对应功能的界面,界面上方的 Tab 为用户提供便捷的功能切换。

单击开始阅读按钮进入专注模式,该模式锁定手机界面,中途退出则会重置计时。界面由两部分组成,在右上方有背景音选择按钮,单击可选择不同的背景音,选择后按钮文字转变为停止,单击停止背景音。界面中间是计时部分,单击后可以开始、停止计时,如图 14-8 所示。

图 14-6　应用开始界面

图 14-7　阅读计时模块界面

图 14-8　阅读计时功能

计时一段时间后,单击停止按钮,为避免用户误触,会弹出如图 14-9 所示的提示框。若不想停止计时,可单击除弹窗外其他部分或单击取消,计时则会继续进行。如果不想保存计时,单击不保存可结束计时并回到阅读计时部分的主界面;希望保存阅读记录则单击保存,程序会跳转至阅读记录创建界面。

在如图 14-10 所示的记录创建界面,单击保存按钮可以保存本次阅读记录。

图 14-9　阅读计时防误触弹窗　　　　　　　　图 14-10　记录创建界面

在阅读计时主界面,通过单击阅读按钮查看阅读记录,如图 14-11 所示。

图 14-11　记录查看界面

回到程序开始界面,介绍第二个导航按钮。单击一句话随笔按钮,可以查看创建的随笔列表。该界面由 3 部分组成:最上方的 Tab 栏可以快速导航至其他功能;下方右侧的 2 个按钮分别表示创建随笔与搜索随笔;单击创建随笔按钮:铅笔图标,会进入随笔创建界面,单击搜索随笔按钮:会进入随笔搜索界面。界面的主体部分是随笔列表,上下滑动可以查看所有随笔,单击某一项随笔,进入查看与编辑界面,长按某一项随笔,可进行删除操作,如图 14-12 所示。

图 14-12　随笔功能界面

项目 15　古诗平台

本项目通过鸿蒙系统开发工具 DevEco Studio，基于 Python 开发一款多功能古诗词 App，实现诗词和诗人的信息查询、分类搜索等功能。

15.1　总体设计

本部分包括系统架构和系统流程。

15.1.1　系统架构

系统架构如图 15-1 所示。

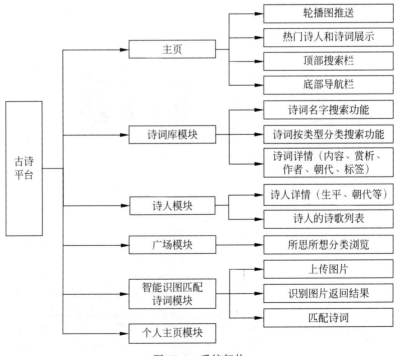

图 15-1　系统架构

15.1.2　系统流程

系统流程如图 15-2 所示。

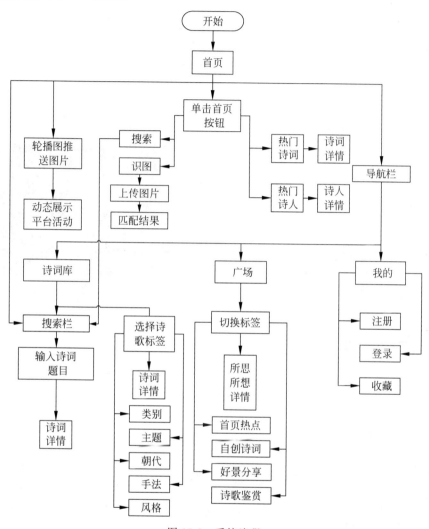

图 15-2　系统流程

15.2　开发工具

本项目前端使用 DevEco Studio 开发工具，后端使用 Python 语言开发，安装过程如下。

（1）创建前端应用目录结构，如图 15-3 所示。

（2）创建后端应用目录结构，如图 15-4 所示。

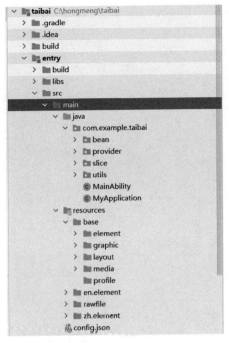

图 15-3　前端应用目录结构

图 15-4　后端应用目录结构

15.3　开发实现

本部分主要包括主页、诗词库、诗人、广场、智能识图匹配诗词、个人主页、后端和完整代码。

15.3.1　主页

文件 47

本部分包括主页的轮播图推送、热门诗词和诗人的展示、顶部搜索栏和底部导航栏,相关代码请扫描二维码文件 47 获取。

15.3.2　诗词库

文件 48

本部分包括按名字搜索、按类型搜索和诗歌详情,相关代码请扫描二维码文件 48 获取。

15.3.3　诗人

本部分包括诗人详情和诗人的诗歌列表。

1. 诗人详情

由于 GET 请求只能传输 string 类型字符串,所以将 AuthorId 转为 string 类型,通过 Http 访问传入服务器端,并获得返回值 s,其中 ApiUtil. BASE_PATH 为服务器端 IP 地址,但是 s 不能直接使用,利用 ResultVO 类将 s 转换为 resultVO,方便获得服务器端返回的 msg、data 和 code。需要注意:一定要判断 s 是否为空,因为可能出现连接失败的情况,将 null 转换为 ResultVO 类格式会闪退。

服务器端返回的 code 为 0 时,表示访问成功,但是服务器端返回的 data 并不能直接使用,再写一个构造类,使其能够方便获得多个诗人的各种信息,将 resultVO 中的 data 转换为 Author 类的 List。注意:由于要刷新 TableLayout,所以新开一个界面的进程,否则会报错。

```
String AuthoreId = intent.getParams().getParam("authorId").toString();
//强制转换为 string
getGlobalTaskDispatcher(TaskPriority.DEFAULT).asyncDispatch(()->{
    String s = HttpRequestUtil.sendGetRequest(this, ApiUtil.BASE_PATH + "author/
getByIdDetail?id = " + AuthoreId);
    if ( s != null ) {
        ResultVO resultVO = gson.fromJson(s, ResultVO.class);
        if (resultVO.getCode() == 0) {                    //表示访问成功
            String str = gson.toJson(resultVO.getData());
            List < Author > list = gson.fromJson(str, new TypeToken < List < Author >>() {
            }.getType());
            getUITaskDispatcher().asyncDispatch(() -> {  //一定要新开一个界面线程
```

为每个在 List 中的 Author 初始化界面,调用 LoadImageUtil 初始化图片,并将完成渲染的模板添加在 Table 中,其中调用 poem 的 getId()等 get 函数,获得诗歌的阅读量、点赞量、题目、赏析、作者、朝代、标签等内容。

```
for (Author author : list) {
    //每个诗词的模板
    Text name = (Text) findComponentById(ResourceTable.Id_name);
    Text remark = (Text) findComponentById(ResourceTable.Id_remark);
    Image image = (Image) findComponentById(ResourceTable.Id_Author_image);
String imgUrl = author getImg();
    LoadImageUtil.loadImg(this, imgUrl, image);
    remark.setText(author.getRemark());
    name.setText(author.getDynasty() + " " + author.getName());
}
;
```

2. 诗人的诗歌列表

设置 Button 组件的单击事件,由于要访问 Http,所以单击 Button 后开启一个新的线程,此处用的是异步进程。由于诗词通过 TableLayout 组件展示,所以每次在访问网络时需要提前清空 TableLayout。

```
Button btn1 = (Button) findComponentById(ResourceTable.Id_zuopin);
TableLayout productListTable = (TableLayout) findComponentById(ResourceTable.Id_Author_
poem_list_table);
//先清空所有 Table
productListTable.removeAllComponents();
```

```
btn1.setClickedListener(component -> {
    TaskDispatcher globalTaskDispatcher = this.getGlobalTaskDispatcher(TaskPriority.DEFAULT);
                                                        //一定要新开一个线程
    //globalTaskDispatcher.syncDispatch();             //同步
    //globalTaskDispatcher.asyncDispatch();            //异步
    globalTaskDispatcher.asyncDispatch(() -> {
```

通过 Http 访问获得返回值 s,其中 ApiUtil.BASE_PATH 为服务器端 IP 地址,但是 s 不能直接使用,利用 ResultVO 类将 s 转换为 resultVO,方便获得服务器端返回的 msg、data 和 code。注意:一定要判断 s 是否为空,因为可能出现连接失败的情况,将 null 转换为 ResultVO 类格式会闪退。

```
String s = HttpRequestUtil.sendGetRequest(this, ApiUtil.BASE_PATH + "author/getByIdList?id=" +
AuthoreId);
if ( s != null ) {
    ResultVO resultVO = gson.fromJson(s, ResultVO.class);
    if (resultVO.getCode() == 0) {                    //表示访问成功
        String str = gson.toJson(resultVO.getData());
        List < Poem > list = gson.fromJson(str, new TypeToken < List < Poem >>() {
        }.getType());
        getUITaskDispatcher().asyncDispatch(() -> {    //一定要新开一个界面线程
```

为每个在 List 中的 Poem 初始化界面,调用 setPixelMap 初始化网络图片,并将完成渲染的模板添加在 Table 中,此外需要为每个 Poem 添加单击事件,并将 ProductId 传输到作者的详情页。

```
for (Poem poem : list) {
    //每个诗词的模板
    DirectionalLayout template =
            (DirectionalLayout) LayoutScatter.getInstance(this).parse(ResourceTable.Layout_
product_list_item_template, null, false);
    Image image = (Image) template.findComponentById(ResourceTable.Id_poem_image);
    Text text1 = (Text) template.findComponentById(ResourceTable.Id_poem_name_text);
    Text text2 = (Text) template.findComponentById(ResourceTable.Id_poem_dy_text);
    String imgUrl = poem.getAuthorImg();
    image.setPixelMap(CommonUtils.getPixelMapFromPath(this, "entry/resources/base/media/im" +
poem.getId() + ".jpg"));
    text1.setText(poem.getTitle());
    text2.setText(poem.getDynasty() + " " + poem.getAuthor());
    //将完成数据渲染模板添加到 Table 中
    productListTable.addComponent(template);
    //添加诗词的单击事件,跳转并将诗词 ID 传递到详情界面
    template.setClickedListener(component1 -> {
        Intent intent2 = new Intent();
        intent2.setParam("productId", poem.getId());
        present(new PoemsDetailAbilitySlice(), intent2);
    });
}
;
```

15.3.4　广场

初始化所思所想类别及内容界面,类别保存在 news_type_datas.json 文件中,内容保存在 news_datas.json 文件中,将其转换为 NewsInfo 类的形式,方便获得其各种属性值,同时调用 NewsListProvider 和 NewsTypeListProvider 类初始化一级和二级分类的界面,相关代码请扫描二维码文件 49 获取。

文件 49

15.3.5　智能识图匹配诗词

本部分包括智能识图匹配诗词模块的上传图片、识别图片返回结果及匹配诗词。

1. 上传图片

```
Button searchBtn = (Button) findComponentById(ResourceTable.Id_picture_btn);
TextField searchText = (TextField) findComponentById(ResourceTable.Id_picture_text);
Image image = (Image) findComponentById(ResourceTable.Id_picture);
searchBtn.setClickedListener(component -> {
        //获取输入的搜索关键字
        String kw = searchText.getText();
    getUITaskDispatcher().asyncDispatch(() -> {
        //获取图片绑定界面
        image.setPixelMap(CommonUtils.getPixelMapFromPath(this, "entry/resources/base/
media/" + kw + ".jpg"));
    });
```

由于鸿蒙暂时不能将图片以文件的形式上传,所以将图片转换为 PixelMap 位图格式,再将位图转换为 BASE64 编码的格式,上传至服务器端。

```
//获得图片路径
String pathName = new File(getFilesDir(), kw + ".jpg").getPath();
writeToDisk("entry/resources/base/media/" + kw + ".jpg", pathName);
ImageSource.SourceOptions srcOpts = new ImageSource.SourceOptions();
srcOpts.formatHint = "image/jpg";
ImageSource imageSource = ImageSource.create(pathName, srcOpts);
//解码为位图格式
PixelMap pixelMap = imageSource.createPixelmap(null);
//把 PixelMap 位图格式转换为 BASE64 编码的格式
ImagePacker imagePacker = ImagePacker.create();
ByteArrayOutputStream byteArrayOutputStream = new ByteArrayOutputStream();
ImagePacker.PackingOptions packingOptions = new ImagePacker.PackingOptions();
imagePacker.initializePacking(byteArrayOutputStream, packingOptions);
imagePacker.addImage(pixelMap);
imagePacker.finalizePacking();
byte[] bytes = byteArrayOutputStream.toByteArray();
String base64String = Base64.getEncoder().encodeToString(bytes);
```

2. 识别图片返回结果及匹配诗词

开启一个新的异步线程。由于诗词通过 TableLayout 组件展示,所以每次在访问网络时需要提前清空 TableLayout。

```
TaskDispatcher globalTaskDispatcher = this.getGlobalTaskDispatcher(TaskPriority.DEFAULT);
                                                                    //新开一个线程
//globalTaskDispatcher.syncDispatch();                             //同步
//globalTaskDispatcher.asyncDispatch();                            //异步
Gson gson = new Gson();
TableLayout productListTable = (TableLayout) findComponentById(ResourceTable.Id_picture_
list_table);
//先清空所有 Table
productListTable.removeAllComponents();
globalTaskDispatcher.asyncDispatch(() -> {
```

通过 Http 访问获得图片的识别结果 s。由于受服务器端的 URI 限制，这里要用 POST 请求，否则会报错，再将识别结果 s 传入服务器端获得匹配诗词的信息 s2，但是 s2 不能直接使用，利用 ResultVO 类将 s2 转换为 resultVO，获得服务器端返回的 msg、data 和 code。注意：一定要判断 s2 是否为空，因为有时出现连接失败的情况，将 null 转换为 ResultVO 类格式会闪退。

```
String s = HttpRequestUtil.sendPostRequest(this, ApiUtil.BASE_PATH + "admin/predict",
base64String);                                  //这里一定要用 POST,否则会因为 URI 过长而报错
String s2 = HttpRequestUtil.sendGetRequest(this, ApiUtil.BASE_PATH + "poem/search? type =
recognition&field = " + s);
if ( s2 != null ) {
    ResultVO resultVO = gson.fromJson(s2, ResultVO.class);
    if (resultVO.getCode() == 0) {                          //表示访问成功
        String str = gson.toJson(resultVO.getData());
        List < Poem > list = gson.fromJson(str, new TypeToken < List < Poem >>() {
        }.getType());
        getUITaskDispatcher().asyncDispatch(() -> {          //一定要新开一个界面线程为每个
//在 List 中的 Poem 初始化界面,调用 setPixelMap 初始化网络图片,并将完成渲染的模板添加在
//Table 中,此外需要为每个 Poem 添加单击事件,并将 ProductId 传输到作者的详情页。
for (Poem poem : list) {
    //每个诗词的模板
    DirectionalLayout template =
                (DirectionalLayout) LayoutScatter.getInstance(this).parse(ResourceTable.
Layout_product_list_item_template, null, false);
    Image image2 = (Image) template.findComponentById(ResourceTable.Id_poem_image);
    Text text1 = (Text) template.findComponentById(ResourceTable.Id_poem_name_text);
    Text text2 = (Text) template.findComponentById(ResourceTable.Id_poem_dy_text);
    String imgUrl = poem.getAuthorImg();
    image2.setPixelMap(CommonUtils.getPixelMapFromPath(this, "entry/resources/base/media/
im" + poem.getId() + ".jpg"));
    text1.setText(poem.getTitle());
    text2.setText(poem.getDynasty() + " " + poem.getAuthor());
    //将完成数据渲染的模板添加到 Table 中
    productListTable.addComponent(template);
    //添加诗词的单击事件,跳转并将诗词 ID 传递到详情界面
    template.setClickedListener(component1 -> {
        Intent intent2 = new Intent();
        intent2.setParam("productId", poem.getId());
```

```
        present(new PoemsDetailAbilitySlice(), intent2);
    });
}
;
```

15.3.6　个人主页

个人主页的跳转逻辑分别是跳转到收藏、登录、注册界面。

```
Component productLayout = pageSlider.findComponentById(ResourceTable.Id_order_query_btn1);
productLayout.setClickedListener(component -> {
    Intent intent = new Intent();
    this.present(new CollectionAbilitySlice(),intent);
});
Component productLayout2 = pageSlider.findComponentById(ResourceTable.Id_order_query_btn2);
productLayout2.setClickedListener(component -> {
    Intent intent = new Intent();
    this.present(new LoginAbilitySlice(),intent);
});
Component productLayout3 = pageSlider.findComponentById(ResourceTable.Id_order_query_btn3);
productLayout3.setClickedListener(component -> {
    Intent intent = new Intent();
    this.present(new RegisterAbilitySlice(),intent);
});
```

15.3.7　后端

本部分包括诗词列表查询、诗人列表查询、分类诗词查询、具体诗词查询、诗人作品查询、具体诗人查询和智能识图。

1. 诗词列表查询

采用 MySQL 语句,通过 select 搜索,按 ID 升序排列,返回 7 首诗词。

```
@app.route("/poem/index", methods = ['GET'])
def poem_index():
    #查看每日推荐
    day_item_sql = "SELECT * FROM poem where dayItem = 1"
    day_item = db.select_db(day_item_sql)
    if not day_item:
        day_item_sql = "select * from poem order by rand() limit 1"
        day_item = db.select_db(day_item_sql)
    #按热度排序
    #list_sql = "select * from poem order by views desc"
    list_sql = "select * from poem order by id asc limit 7"
    list = db.select_db(list_sql)
    return jsonify({"code": 0, "data":list, "msg": "操作成功"})
```

2. 诗人列表查询

采用 MySQL 语句,通过 select 搜索,随机返回 10 位诗人。

```
@app.route("/author/list", methods = ['GET'])
def author_list():
    dynasty = request.args.get("dynasty", "").strip()
    author_id = request.args.get("id", "").strip()       # 查找的 ID
    sql = 'select * from author where 1 = 1 '
    if not dynasty and not author_id:
        sql += ' order by rand() limit 10'
    elif dynasty:
        sql += 'and dynasty = "{}"'.format(dynasty)
    elif author_id:
        sql += 'and id = {}'.format(author_id)
    res = db.select_db(sql)
    return jsonify({"code": 0, "data": res, "msg": "操作成功"})
```

3. 分类诗词查询

采用 MySQL 语句,通过 select 搜索,type_name 相当于一级分类标签,Field 相当于二级分类标签,利用 type_name＝field 查询相应标签的诗词,keyword 为搜索框输入的内容,利用 like '％keyword％'搜索相关的诗词。

```
@app.route("/poem/search", methods = ['GET'])
def poem_search():
    field = request.args.get("field", "").strip()         # 查找的字段
    type_name = request.args.get("type", "").strip()      # 查找的类型
    keyword = request.args.get("keyword", "").strip()     # 关键词
    res_list = []
    if field:
        sql = 'select * from poem where {} = "{}" order by sort desc, views desc'.format(type_
name, field)
        res_list = db.select_db(sql)
    elif keyword:
        sql2 = "select * from poem where title like '%{}%'".format(keyword)
        res_list = db.select_db(sql2)
    return jsonify({"code": 0, "data": res_list, "msg": "操作成功"})
```

4. 具体诗词查询

采用 MySQL 语句,通过 select 搜索,输入 ID,返回对应诗词信息。

```
@app.route("/poem/getById", methods = ['GET'])
def poem_get():
    poem_id = request.args.get("id", "").strip()          # 查找的 ID
    sql = 'select * from poem where id = {}'.format(poem_id)
    res = db.select_db(sql)
    return jsonify({"code": 0, "data": [res[0]], "msg": "操作成功"})
```

5. 诗人作品查询

采用 MySQL 语句,通过 select 搜索,输入作者 ID,返回作者的诗词列表信息。

```
@app.route("/author/getByIdList", methods = ['GET'])
def author_get2():
    author_id = request.args.get("id", "").strip()        # 查找的 ID
```

```
sql = 'select * from author where id = {} '.format(author_id)
res = db.select_db(sql)
    list_sql = "select * from poem where authorId = {}".format(author_id)
        list_res = db.select_db(list_sql)
    return jsonify({"code": 0, "data": list_res, "msg": "操作成功"})
```

6. 具体诗人查询

采用 MySQL 语句,通过 select 搜索,输入作者 ID,返回对应诗人信息。

```
@app.route("/author/getByIdDetail", methods = ['GET'])
def author_get():
    author_id = request.args.get("id", "").strip()          #查找的 ID
    sql = 'select * from author where id = {} '.format(author_id)
    res = db.select_db(sql)
list_sql = "select * from poem where authorId = {}".format(author_id)
list_res = db.select_db(list_sql)
    return jsonify({"code": 0, "data": [res[0]], "msg": "操作成功"})
```

7. 智能识图

获得前端传输的 base64 码,进行解码。

```
@app.route('/admin/predict', methods = ['GET', 'POST'])
def admin_upload():
print(request.method)
#Get the file from post request
#st = request.values.get("st", "").strip()
st = request.get_data()
bs = BytesIO(st)
print(bs)
st = bs.getvalue()
#dummyData = st.replace("%", "").replace(",", "").replace(" ", "+")
img_data = base64.b64decode(st)
print(img_data)
```

将图片写入 uploads 文件夹下。

```
basepath = os.path.dirname(__file__)
file_path = os.path.join(
    basepath, 'uploads', secure_filename("test.jpg"))
print(file_path)
with open(file_path, 'wb') as f:
    f.write(img_data)
```

调用 VGG19 模型,获得图片的识别结果。

```
from tensorflow.keras.applications.vgg19 import VGG19
model = VGG19(weights = "imagenet")
  def model_predict(img_path, model):
    img = image.load_img(img_path, target_size = (224, 224))
    #img = image.load_img(img_path, target_size = (51, 51))
    #img = image.load_img(img_path, target_size = (256, 256))
    #Preprocessing the image
```

```
x = image.img_to_array(img)
x = np.expand_dims(x, axis = 0)
x = preprocess_input(x)
preds = model.predict(x)
return preds
```

将结果解码，返回所识别的类别，目前只支持 valley、lakeside 和 alp，由于 seashore 和 lakeside 相似，故归在 lakeside 类。

```
preds = model_predict(file_path, model)
# pred = preds.argmax(axis = -1)
# Process your result for human
pred_class = decode_predictions(preds, top = 1)
result = str(pred_class[0][0][1])
if result == "valley" or result == "alp" or result == "lakeside":
    return result
elif result == "seashore":
    return "lakeside"
else:
    return "notfound"
return result
```

文件 50

15.3.8　完整代码

本部分包括程序辅助类、主题逻辑、界面设计及后端代码，请扫描二维码文件 50 获取。

15.4　成果展示

打开 App，应用初始界面如图 15-5 所示；单击热门诗词会展示诗词，如图 15-6 所示；单击热门诗人会展示诗人，如图 15-7 所示；单击诗词会展示诗词的详细内容，包括题目、作者、朝代、图片、内容、赏析、标签、阅读量和点赞数，如图 15-8 所示；单击诗人会展示诗人详细内容，包括姓名、朝代、图片、简介和相关作品，单击相关作品同样会跳转到诗词详情界面，如图 15-9 所示；单击拍照识图按钮进入拍照识图界面，输入图片文件名，单击按钮上传图片，图片传入后端，识别匹配出符合图片的诗词，展示在下方，单击会进入诗歌详情界面，如图 15-10 所示；单击诗词库，或者横向滑动屏幕切换到诗词库界面，单击左边一级分类可以在右边展示不同的二级分类，如图 15-11 所示；单击首页或者诗词库的顶部搜索栏时，跳转到搜索界面，并显示热门诗词，当单击诗词库对应的标签时，跳转到搜索界面，并显示相同标签的诗词，在搜索界面输入文字单击搜索时，显示相应名称的诗词，如图 15-12 所示；单击广场或者横向滑动屏幕切换到广场界面，单击上方分类，展示对应的内容，如图 15-13 所示；单击我的或者横向滑动屏幕切换到我的界面，如图 15-14 所示；单击我的收藏跳转到收藏界面，单击账户登录跳转到登录界面，单击用户注册跳转到注册界面，所有界面均为展示界面，无内部逻辑，如图 15-15 所示；在后端管理系统可以添加诗词和作者，如图 15-16 所示。

图 15-5　应用初始界面

图 15-6　热门诗词

图 15-7　热门诗人

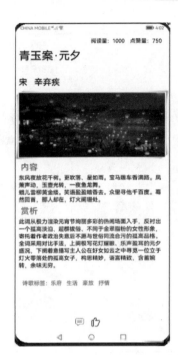

图 15-8　诗词详细内容

图 15-9　诗人详情

图 15-10　拍照识图

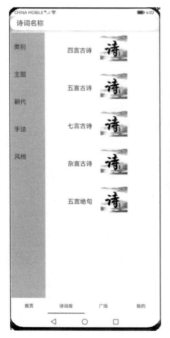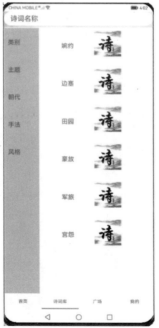

图 15-11　诗词库

图 15-12　搜索

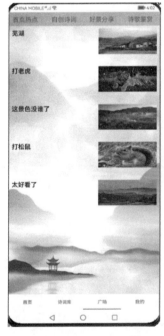

图 15-13　广场　　　　　　　　　　　　　　　图 15-14　我的界面

图 15-15　内部展示

图 15-16　后端管理

项目 16

秒 表 计 时

本项目通过鸿蒙系统开发工具 DevEco Studio,基于 Java 语言和 XML 布局,开发一款秒表计时 App,实现计时系统。

16.1　总体设计

本部分包括系统架构和系统流程。

16.1.1　系统架构

系统架构如图 16-1 所示。

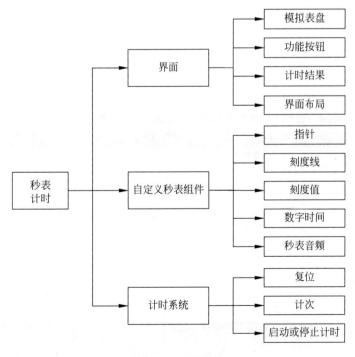

图 16-1　系统架构

16.1.2　系统流程

系统流程如图 16-2 所示。

16.2　开发工具

本项目使用 DevEco Studio 开发工具,安装过程如下。

(1) 注册开发者账号,完成注册并登录,在官网下载 DevEco Studio 并安装。

(2) 配置开发环境,下载并安装 HarmonyOS SDK 及对应工具链。

(3) 模板选择 Empty Ability,设备类型选择 Phone,语言选择 Java,单击 Next 后填写相关信息。

(4) 创建后的应用目录结构如图 16-3 所示。

图 16-2　系统流程

图 16-3　应用目录结构

(5) 在 src/main/java 目录下进行秒表计时的应用开发。

16.3　开发实现

本部分包括界面设计、自定义组件和主界面程序开发,下面分别给出各模块的功能介绍及相关代码。

16.3.1　界面设计

本部分包括界面布局和完整代码。

1．界面布局

秒表系统的界面布局如下。

（1）自定义秒表组件，显示计时过程，相关代码如下。

```
< com. example. stopwatch. AnalogStopWatch
ohos:id = " $ + id:analogStopWatch"
ohos:height = "300vp"
ohos:width = "match_parent"
ohos:top_margin = "20vp"/>
```

（2）Button 组件实现秒表计时功能，相关代码如下。

```
<!-- 控制重置或计次 -->
< Button
ohos:id = " $ + id:resetOrLap"
ohos:height = "match_content"
ohos:width = "0"
ohos:weight = "5"
ohos:text_size = "25fp"
ohos:text = "Reset"
ohos:background_element = " $ graphic:background_button"/>
<!-- 控制开始或停止 -->
< Button
ohos:id = " $ + id:startOrStop"
ohos:height = "match_content"
ohos:width = "0"
ohos:weight = "5"
ohos:text_size = "25fp"
ohos:text = "Start"
ohos:background_element = " $ graphic:background_button"/>
```

（3）Text 组件，打印计时结果，相关代码如下。

```
< Text
        ohos:id = " $ + id:lapTime"
        ohos:height = "match_parent"
        ohos:width = "match_parent"
        ohos:text_alignment = "horizontal_center"
        ohos:text_size = "22fp"
        ohos:multiple_lines = "true"
        ohos:scrollable = "true"
        ohos:top_margin = "5vp"
        ohos:left_margin = "5vp"
        ohos:right_margin = "5vp"
        ohos:text_font = "HwChinese - medium"/>
```

2. 完整代码

界面设计完整代码请扫描二维码文件 51 获取。

16.3.2　自定义组件

当 Java 界面框架提供的组件无法满足设计需求时,可以创建自定义组件,根据设计需求添加绘制任务,并定义组件的属性及事件响应,完成组件的自定义。

本部分包括初始化、属性描画、功能实现和完整代码。

1. 初始化

秒表组件的初始化包括自定义秒表组件类的初始化和对计时开始时刻、计时时长、运行状态等多个数据进行初始化设置,相关代码如下。

```java
public class AnalogStopWatch extends Component implements Component.DrawTask {
    private long startTime = 0;              //计时开始时刻(ms)
    private long keepTime = 0;               //计时时长(ms)
    private boolean running = false;         //运行状态
    private Paint paint = new Paint();       //画笔
    SoundPlayer soundPlayer = null;          //播放器对象
    int taskId = 0;                          //任务 ID
    int soundId = 0;                         //短音 ID
    //构造函数
    public AnalogStopWatch(Context context,Paint paint){
        super(context);
        this.paint = paint;
    }
    //如需支持 XML 创建自定义组件,必须添加此构造方法
    public AnalogStopWatch(Context context, AttrSet attrSet) {
        super(context,attrSet);
        this.paint = paint;
        addDrawTask(this);                   //添加绘制任务
    }
}
```

2. 属性描画

在 onDraw 方法中执行绘制任务,此方法提供的画布 Canvas 和画笔 Paint 可以精确控制秒表组件的外观。秒表组件的属性描画包括指针、刻度线、刻度值和数字时间,相关代码如下。

```java
@Override
public void onDraw(Component component,Canvas canvas) {
//外圆,秒针表盘
RectFloat bound = getBoundRect();        //显示区域
float outRadius = getRadius();           //半径
Point outCenter = getCenter();           //圆心
//描画刻度线
```

```
drawScaleLine (canvas,paint,outCenter,outRadius,1);
//描画刻度值
drawScaleValue(canvas,paint,outCenter,outRadius * 0.8f,12,5, (int)(outRadius * 0.15f));
//内圆,分针表盘
float inRadius = outRadius/3;
Point inCenter = new Point(outCenter.getPointX(),bound.top + outRadius * 0.6f);
drawScaleLine (canvas,paint,inCenter,inRadius,5);
drawScaleValue(canvas,paint,inCenter,inRadius * 0.7f,12,5, (int)(inRadius * 0.25f));
//数字时间
drawDigitalTime(canvas,paint,outCenter.getPointX(),outCenter.getPointY() + getRadius() * 0.4f);
drawMinuteHand(canvas,inCenter,inRadius);          //描画分针
drawSecondHand(canvas);                            //描画秒针
}
```

3. 功能实现

文件 52

自定义秒表组件的功能包括计时、归零处理、控制秒表运行和背景音效,相关代码请扫描二维码文件 52 获取。

4. 完整代码

自定义秒表组件的完整代码请扫描二维码文件 53 获取。

文件 53

16.3.3　主界面程序开发

本部分包括主界面单击事件响应、清除时间、记录时间和完整代码。

1. 单击事件响应

在关联界面布局中,定义按钮组件单击事件响应,相关代码如下。

```
//启停按钮
startOrStop.setClickedListener(new Component.ClickedListener(){
@Override
        public void onClick(Component component) {
        stopWatch.setState();                 //根据目前运行状态,开始或停止计时
        if(stopWatch.isRunning()){
                startOrStop.setText("Stop");
        resetOrLap.setText("Lap");
        clearTime();
        }
                else {
                startOrStop.setText("Start");
        resetOrLap.setText("Reset");
                recordTime();
        }
    }
});
//重置或计次按钮
resetOrLap.setClickedListener(new Component.ClickedListener(){
    @Override
```

```
public void onClick(Component component){
        if(stopWatch.isRunning()){
        recordTime();
        }
else{
    stopWatch.reset();
      clearTime();
      }
            }
});
```

2.清除时间

秒表在重置时会清除计时结果,相关代码如下。

```
private void clearTime(){
    lapTime.setText("");
    recordCount = 0;
    lastTime = 0;
}
```

3.记录时间

秒表记录下每次计时的结果并显示在屏幕上,相关代码如下。

```
private void recordTime(){
    String lapString = lapTime.getText();        //记录时长
    long keepTime = stopWatch.getKeepTime();     //当前时长
    //时长转换
    String currentTime = String.format("Lap % 02d % 02d: % 02d. % 02d % 02d: % 02d. % 02d",
                                    recordCount,
                                    (keepTime - lastTime)/1000/60 % 60,
                                    (keepTime - lastTime)/1000 % 60,
                                    (keepTime - lastTime) % 1000/10,
                                    keepTime/1000/60 % 60,    //min
                                    keepTime/1000 % 60,       //s
                                    keepTime % 1000/10);      //ms
    lapTime.setText(lapString + "\n" + currentTime);
    recordCount++;
    lastTime = keepTime;
}
```

4.完整代码

主界面完整代码请扫描二维码文件 54 获取。

文件 54

16.4　成果展示

打开 App,应用初始界面如图 16-4 所示;单击 Start 按钮,秒表开始计时,秒针转动,数字时间开始跳动,如图 16-5 所示;单击 Lap 按钮,秒表将显示出本次计时结果,结果包含计次序号、本计次与上一计次间隔时间、本计次与开始计时的时间间隔，如图 16-6 所示。

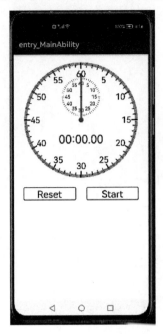
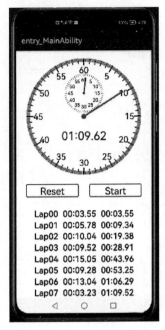

图 16-4　应用初始界面　　　图 16-5　秒表系统运行界面　　　图 16-6　秒表系统多次计次结果

项目 17

日 历 管 理

本项目通过鸿蒙系统开发工具 DevEco Studio,基于 Java 与 JavaScript 开发一款日历管理 App,实现数据搜索功能。

17.1　总体设计

本部分包括系统架构和系统流程。

17.1.1　系统架构

系统架构如图 17-1 所示。

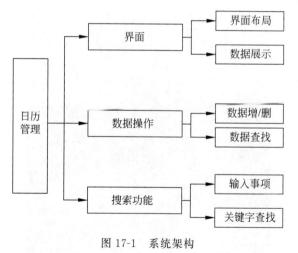

图 17-1　系统架构

17.1.2　系统流程

系统流程如图 17-2 所示。

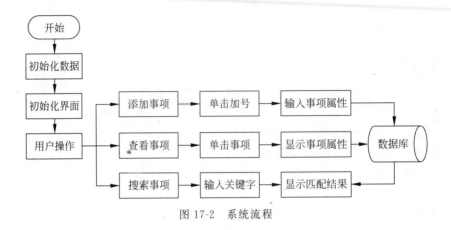

图 17-2　系统流程

17.2　开发工具

本项目使用 DevEco Studio 开发工具，安装过程如下。

（1）注册开发者账号，完成注册并登录，在官网下载 DevEco Studio 并安装。

（2）模板类型选择 Empty Feature Ability，设备类型选择 phone，语言类型选择 Java，单击 Next 后填写相关信息。

（3）完成工程文件创建，应用目录结构如图 17-3 所示。

图 17-3　应用目录结构

（4）在 src/main/java 与 src/main/js 目录下进行日历管理的应用开发。

17.3　开发实现

本部分包括界面设计和程序开发，下面分别给出各模块的功能介绍及相关代码。

17.3.1　界面设计

本部分包括界面布局、界面实现和完整代码。

1. 界面布局

DDL 管理器的界面布局如下：显示代办事项数量、显示事项与基本属性、显示添加事项的功能按钮。

2. 界面实现

使用 HML 构建界面，CSS 美化界面，JavaScript 处理用户与界面的交互。

3. 完整代码

界面设计完整代码请扫描二维码文件 55 获取。

文件 55

17.3.2　程序开发

本部分包括类定义、功能实现与数据库操作。

1. 类定义

将 DDL 事项的属性定义成类，包含 ID、标题、内容、创建时间、截止时间（DDL）。

```
package com.example.mywork.bean;
package com.example.backup;
public class TodoRequestParam {
    public String id;          //ID
    public String title;       //标题
    public String text;        //内容
    public String date;        //创建日期
    public String ddl;         //截止时间(DDL)
}
```

2. 功能实现与数据库操作

本部分包括基本功能的实现及数据库的操作设置，相关代码请扫描二维码文件 56 获取。

文件 56

17.4　成果展示

打开 App，应用主界面如图 17-4 所示；通过主界面上方的输入框可以按关键字查找相应的事项，如图 17-5 所示；单击"＋"添加事项，包括事项标题、内容、截止时间，如图 17-6 所示。

图 17-4　应用主界面

图 17-5　查找事项

图 17-6　添加事项

项目 18

商 品 统 计

本项目通过鸿蒙系统开发工具 DevEco Studio,基于 Java 开发一款商品统计 App,实现统计数据的功能。

18.1　总体设计

本部分包括系统架构和系统流程。

18.1.1　系统架构

系统架构如图 18-1 所示。

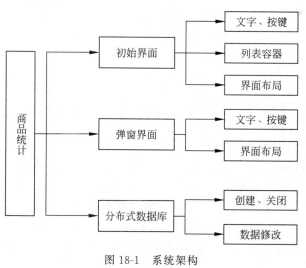

图 18-1　系统架构

18.1.2　系统流程

系统流程如图 18-2 所示。

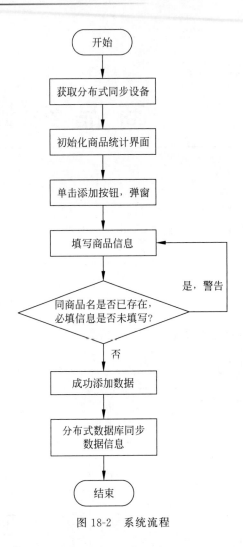

图 18-2　系统流程

18.2　开发工具

本项目使用 DevEco Studio 开发工具,安装过程如下。

(1)注册开发者账号,完成注册并登录,在官网下载 DevEco Studio 并安装。

(2)模板类型选择 Empty Ability,设备类型选择 Phone,语言类型选择 Java,单击 Next 后填写相关信息。

(3)创建后的应用目录结构如图 18-3 所示。

(4)在 src/main 目录下进行分布式商品统计的应用开发。

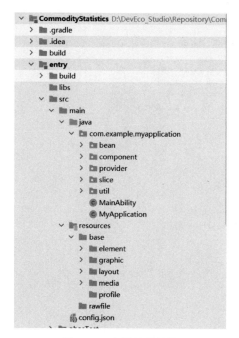

图 18-3　应用目录结构

18.3　开发实现

本部分包括界面设计和程序开发,下面分别给出各模块的功能介绍及相关代码。

18.3.1　界面设计

本部分包括导入组件背景、界面布局和完整代码。

1. 导入组件背景

将组件背景的 XML 文件导入 graphic 文件中,如图 18-4 所示。

2. 界面布局

界面布局文件如图 18-5 所示。

图 18-4　导入组件背景

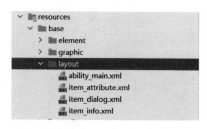

图 18-5　界面布局

（1）初始化界面，ability_main.xml 布局开发如图 18-6 所示。

```
1   <?xml version="1.0" encoding="utf-8"?>
2   <DependentLayout
3       xmlns:ohos="http://schemas.huawei.com/res/ohos"
4       ohos:height="match_parent"
5       ohos:width="match_parent">
6       <!--    orientation : vertical垂直  horizontal水平    -->
7
8       <!--  文字  按键   -->
9       <DependentLayout...>
54
55      <!--    分割线   -->
56      <Component...>
62
63      <!--    ListContainer    -->
64      <DependentLayout...>
86
87
88  </DependentLayout>
```

图 18-6 ability_main 布局开发

（2）组件开发包含 Text、Button、Component、ListContainer 和 Previewer，其中总体的 ability_main 组件如图 18-7 所示。

图 18-7 ability_main 组件

（3）弹窗界面，item_dialog.xml 布局开发如图 18-8 所示。

```
1   <?xml version="1.0" encoding="utf-8"?>
2   <DirectionalLayout
3       xmlns:ohos="http://schemas.huawei.com/res/ohos"
4       ohos:height="match_content"
5       ohos:width="match_parent"
6       ohos:orientation="vertical">
7       <!--  商品信息编辑    -->
8       <Text...>
18      <!--  日期  -->
19      <DirectionalLayout...>
52      <!--  产品名称  -->
53      <DirectionalLayout...>
86      <!--  规格型号  -->
87      <DirectionalLayout...>
120     <!--  单价  -->
121     <DirectionalLayout...>
154     <!--  数量  -->
155     <DirectionalLayout...>
188     <!--  金额  -->
189     <DirectionalLayout...>
222     <!--  按钮  -->
223     <Button...>
238
239 </DirectionalLayout>
```

图 18-8 item_dialog 布局开发

（4）组件开发包含 Text、TextField、Button 和 Previewer，如图 18-9 所示。

图 18-9　item_dialog 组件

（5）商品属性为 ListContainer 子布局，item_attribute 布局如图 18-10 所示。

```
1   <?xml version="1.0" encoding="utf-8"?>
2   <DirectionalLayout
3       xmlns:ohos="http://schemas.huawei.com/res/ohos"
4       ohos:width="match_content"
5       ohos:height="match_content">
6
7       <DependentLayout
8           ohos:height="40vp"
9           ohos:width="match_content">
10          <Text...>
19      </DependentLayout>
20
21
22  </DirectionalLayout>
```

图 18-10　item_attribute 布局

（6）item_attribute 组件开发只包含 Text，在 Java 代码中添加数据，模拟器中的效果如图 18-11 所示。

图 18-11　item_attribute 组件

（7）商品信息为 ListContainer 子布局，item_info 布局如图 18-12 所示。

```xml
1  <?xml version="1.0" encoding="utf-8"?>
2  <DirectionalLayout
3      xmlns:ohos="http://schemas.huawei.com/res/ohos"
4      ohos:height="match_parent"
5      ohos:width="match_content"
6      ohos:orientation="vertical"
7      ohos:start_margin="5vp"
8      ohos:end_margin="5vp">
9
10     <Text...>
16
17     <Text...>
24
30     <Text...>
31     <Text...>
37
38     <Text...>
44
45     <Text...>
51
52     <Button...>
65
66     <Button...>
79
80
81  </DirectionalLayout>
```

图 18-12　item_info 布局

（8）item_info 组件开发只包含 Text，执行义件添加数据，模拟器中的效果如图 18-13 所示。

3. 完整代码

文件 57

ability_main. xml、item_attribute. xml 和 item_info. xml 相关代码请扫描二维码文件 57 获取。

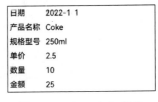

日期	2022-1 1
产品名称	Coke
规格型号	250ml
单价	2.5
数量	10
金额	25

图 18-13　item_info 组件

18.3.2　程序开发

文件 58

本部分包括界面初始化、分布式数据库、数据包装类适配器、弹窗包装类申请权限开发，相关代码请扫描二维码文件 58 获取，程序开发目录结构如图 18-14 所示。

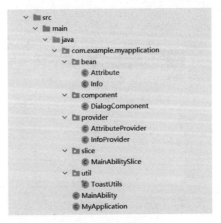

图 18-14　程序开发目录结构

18.4　成果展示

打开 App，应用初始界面如图 18-15 所示；单击添加按钮出现弹窗，如图 18-16 所示；输入信息成功，如图 18-17 所示；输入信息失败，如图 18-18 所示；商品信息同步，如图 18-19 所示。

图 18-15　应用初始界面

图 18-16　弹窗界面

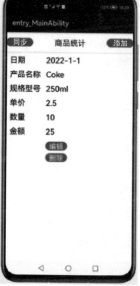

图 18-17　输入信息成功

图 18-18　输入信息失败

图 18-19　商品信息同步

项目 **19**

简 易 便 签

本项目通过鸿蒙系统开发工具 DevEco Studio，基于 Java、XML 和 ORM 对象关系映射数据库开发一款简易便签 App，实现对便签的添加、修改等功能。

19.1　总体设计

本部分包括系统架构和系统流程。

19.1.1　系统架构

系统架构如图 19-1 所示。

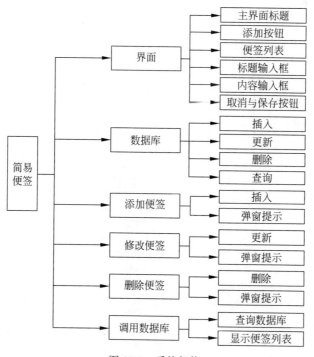

图 19-1　系统架构

19.1.2 系统流程

系统流程如图 19-2～图 19-4 所示。

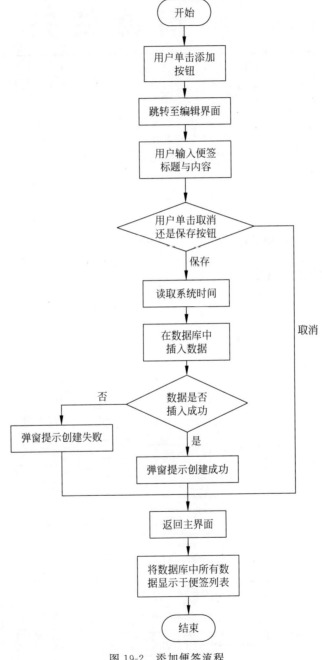

图 19-2　添加便签流程

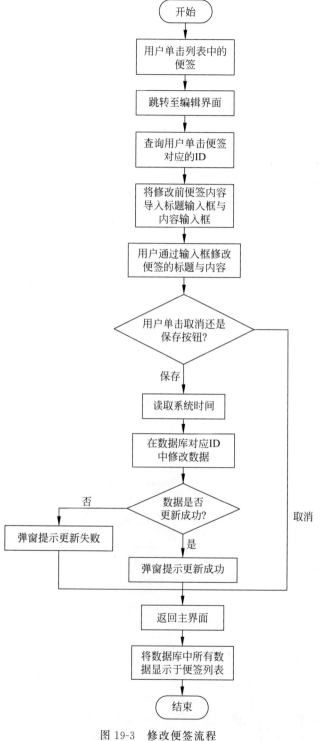

图 19-3　修改便签流程

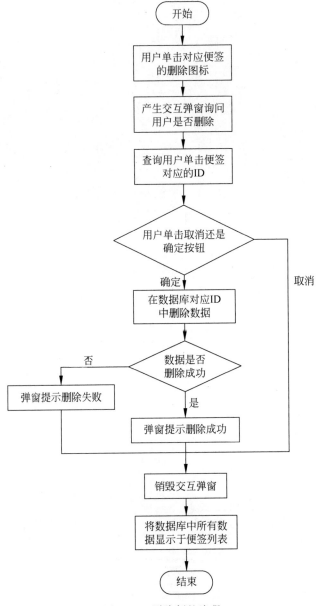

图 19-4　删除便签流程

19.2　开发工具

本项目使用 DevEco Studio3.0 开发工具，安装过程如下。

（1）注册开发者账号，完成注册并登录，在官网下载 DevEco Studio 并安装。

（2）下载并安装 Node.js。

（3）模板类型选择 Empty Ability，设备类型选择 Phone 和 Tablet，语言类型选择 Java，单击 Next 后填写相关信息。

（4）创建后的应用目录结构如图 19-5 所示。

图 19-5　应用目录结构

（5）在 src/main/java 及 src/main/resources 目录下进行简易便签的应用开发。

19.3　开发实现

本部分包括界面设计和程序开发，下面分别给出各模块的功能介绍及相关代码。

19.3.1　界面设计

本部分包括图片导入、界面布局和完整代码。

1. 图片导入

首先，将选好的界面图片导入 project 文件中；然后，将图片文件（. png 格式）保存在 resources/base/media 文件夹下，如图 19-6 所示。

2. 界面布局

简易便签设计结构如图 19-7 所示。

简易便签的界面布局如下。

（1）将 root element 设置为 state，编写 XML 文件，配合 root element 设置为 shape 的 XML 文件，设置按钮单击与松开的状态。

图 19-6 图片导入　　　　　　图 19-7 设计结构

```
< state - container
    xmlns:ohos = "http://schemas.huawei.com/res/ohos">
    <!-- 按下的状态 -->
    < item ohos:state = "component_state_pressed" ohos:clement = " $ graphic:add_press"/>
    <!-- 普通状态 -->
    < item ohos:state = "component_state_empty" ohos:element = " $ graphic:add_empty"/>
</state - container >
```

（2）将 ListContainer 组件作为容纳便签集合的列表。

```
< ListContainer
    ohos:id = " $ + id:listcontainer"
    ohos:height = "match_parent"
    ohos:width = "match_parent"
    ohos:layout_alignment = "horizontal_center"
    ohos:top_margin = "10vp"/>
```

（3）通过 itemview.xml 文件,实现对便签结构的设计。

（4）通过 listcontainer_shape.xml 文件,实现对便签的美化。

```
< shape
    xmlns:ohos = "http://schemas.huawei.com/res/ohos"
    ohos:shape = "rectangle">
    < stroke
        ohos:color = "#000000"
        ohos:width = "3vp"/>
    < corners
        ohos:radius = "10vp"/>
    < solid
        ohos:color = "#DDD"/>
</shape >
```

3. 完整代码
界面设计完整代码请扫描二维码文件 59 获取。

文件 59

19.3.2 程序开发

本部分包括创建表与数据库，创建 DAO 接口与其实现类，主界面、编辑界面及 ListContainer 的适配器，其程序设计结构如图 19-8 所示。

1. 创建表与数据库

使用 ORM 数据库，在 entry/build.gradle 中 ohos 下添加代码以启用注解。

```
compileOptions{
    annotationEnabled true
}
```

在 main/java/com.example.sqliteapplication 中分别建立 2 个 Package，名为 entity 与 db(database)，并分别在 2 个 Package 中添加名为 NodeEntity 与 NodeDatabase 的 Java 文件。

（1）NodeEntity.java 文件。

```java
package com.example.sqliteapplication.entity;
import ohos.data.orm.OrmObject;
import ohos.data.orm.annotation.Entity;
import ohos.data.orm.annotation.PrimaryKey;
//创建表
//此处添加 Entity 注解
//TableName 为数据库设置表名
@Entity(tableName = "nodes")
public class NodeEntity extends OrmObject {
    //使用 PrimaryKey 将 ID 设置为表的注解
    @PrimaryKey(autoGenerate = true)
    private Integer id;
    private String titlc;
    private String content;
    private long date;
    //添加 Get&Set 方法
    public Integer getId() {
        return id;
    }
    public void setId(Integer id) {
        this.id = id;
    }
    public String getTitle() {
        return title;
    }
    public void setTitle(String title) {
        this.title = title;
    }
    public String getContent() {
```

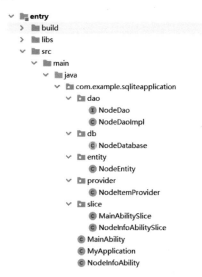

图 19-8 程序设计结构

```
            return content;
        }
        public void setContent(String content) {
            this.content = content;
        }
        public long getDate() {
            return date;
        }
        public void setDate(long date) {
            this.date = date;
        }
    }
```

（2）NodeDatabase.java 文件。

```
package com.example.sqliteapplication.db;
import com.example.sqliteapplication.entity.NodeEntity;
import ohos.data.orm.OrmDatabase;
import ohos.data.orm.annotation.Database;
//创建数据库
//此处添加 Database 注解
//NodeDatabase 的方法无须实现,指定为抽象类
//entities 指定数据库的表名,version 指定数据库的版本号
@Database(entities = {NodeEntity.class},version = 1)
public abstract class NodeDatabase extends OrmDatabase {
}
```

2．创建 DAO 接口与其实现类

在 main/java/com.example.sqliteapplication 中建立一个 Package，名为 DAO，在其中建立一个 Interface（名为 NodeDao）和 Class（名为 NodeDaoImpl）。

（1）NodeDao.java 文件。

```
package com.example.sqliteapplication.dao;
import com.example.sqliteapplication.entity.NodeEntity;
import java.util.List;
//NodeDao 接口,用来访问
public interface NodeDao {
    //定义增/删/改/查的方法
    boolean insert(NodeEntity entity);
    boolean update(NodeEntity entity);
    boolean delete(int id);
    List < NodeEntity > query();
    NodeEntity queryNodeById(int id);
}
```

（2）NodeDaoImpl.java 文件。

```
package com.example.sqliteapplication.dao;
import com.example.sqliteapplication.db.NodeDatabase;
import com.example.sqliteapplication.entity.NodeEntity;
import ohos.app.Context;
```

```
import ohos.data.DatabaseHelper;
import ohos.data.orm.OrmContext;
import ohos.data.orm.OrmObject;
import ohos.data.orm.OrmPredicates;
import java.util.List;
        //NodeDao 接口的实现类
public class NodeDaoImpl implements NodeDao{
        //获取数据库的上下文
    private OrmContext ormContext;
    public NodeDaoImpl (Context context) {
        //创建 DatabaseHelper 类
        //提供构建和删除 Orm 数据类的方法
        DatabaseHelper helper = new DatabaseHelper(context);
        //给数据库指定别名,文件名,实体类
        ormContext = helper.getOrmContext("NodeDB", "node.db", NodeDatabase.class);
    }
    @Override
    public boolean insert(NodeEntity entity) {
        //调用 insert 方法,传入实体类
        ormContext.insert(entity);
        //调用 flush 方法,将数据持久化到数据库中
        return ormContext.flush();
    }
    @Override
    public boolean update(NodeEntity entity) {
        //通过传入 ormObject 对象的接口更新数据
        OrmPredicates predicates = ormContext.where(NodeEntity.class).equalTo("id", entity.
getId());
        //通过 query 方法,查出对象列表
        List<OrmObject> entitys = ormContext.query(predicates);
        //只能查出一条数据,所以从第一项开始
        NodeEntity updateEntity = (NodeEntity) entitys.get(0);
        //修改对象的值
        updateEntity.setTitle(entity.getTitle());
        updateEntity.setContent(entity.getContent());
        updateEntity.setDate(entity.getDate());
        //调用 update 方法传入更新的对象
        ormContext.update(updateEntity);
        //调用 flush 方法,将数据持久化到数据库中
        return ormContext.flush();
    }
    @Override
    public boolean delete( int id) {
        //删除数据与更新数据相似,只是不需要更新对象的值
        OrmPredicates predicates = ormContext.where(NodeEntity.class).equalTo("id", id);
        List<NodeEntity> entitys = ormContext.query(predicates);
        ormContext.delete(entitys.get(0));
        return ormContext.flush();
    }
    @Override
```

```java
public List<NodeEntity> query() {
    //查询数据,让数据的 ID 大于 0
    OrmPredicates predicates = ormContext.where(NodeEntity.class).greaterThan("id", 0);
    List<NodeEntity> entitys = ormContext.query(predicates);
    return entitys;
}
@Override
public NodeEntity queryNodeById(int id) {
    //查询对应 ID 的数据
    OrmPredicates predicates = ormContext.where(NodeEntity.class).equalTo("id", id);
    List<NodeEntity> entitys = ormContext.query(predicates);
    return entitys.get(0);
}
}
```

3. 主界面、编辑界面及 ListContainer 的适配器

在 com. example. sqliteapplication 中添加 Ability(名为 NodeInfoAbility),系统会自动生成对应的子界面 NodeInfoAbilitySlice。为使 ListContainer 组件能显示已编写好的 XML 文件,并赋予其功能,还需再添加 Package 和 class(名为 NodeItemProvider)。

文件60

MainAbilitySlice、NodeInfoAbilitySlice 和 NodeItemProvider 需要实际编写的文件,相关代码请扫描二维码文件 60 获取。

19.4 成果展示

打开 App,应用初始界面如图 19-9 所示。单击添加按钮,跳转至编辑界面,如图 19-10 所示。可在输入框中输入标题与内容,若想退出,则单击取消,回到主界面;否则便签内容编辑完成后,可单击保存,系统将退至主界面,产生 1 个便签,并有弹窗提示,如图 19-11 所示。

图 19-9　应用初始界面　　　图 19-10　编辑界面　　　图 19-11　创建成功后的界面

按同样的方法继续添加 2 个便签,如图 19-12 所示,可以看到字数超过便签可在主界面显示的最大量后,标题与内容将尽量显示前面的字,后面由省略号表示。单击第 1 个标签,进入编辑界面,显示之前编辑的标题与内容,如图 19-13 所示。将其标题与内容分别修改,保存后回到主界面,可以看到已修改成功,时间也变成最后一次编辑的时间,且有弹窗提示,如图 19-14 所示。单击第 2 个便签的删除图标,会有弹窗询问,如图 19-15 所示,若单击取消,则会跳转到图 19-14 所示的界面,若单击确定,则会发现第 2 个便签已经消失,之前的第 3个便签跳转到第 2 个,且有弹窗提示,如图 19-16 所示。

图 19-12　添加多个便签的界面

图 19-13　单击标签后的界面

图 19-14　更新成功的界面

图 19-15　删除提示弹窗

图 19-16　删除成功的界面

项目 20

备 忘 日 志

本项目通过鸿蒙系统开发工具 DevEco Studio，基于 JavaScript 开发一款备忘日志，实现对文本类或日程类备忘的新增、删除、修改及借助服务卡片查看当天日程，实现服务直达、减少体验层级的功能。

20.1 总体设计

本部分包括系统架构和系统流程。

20.1.1 系统架构

系统架构如图 20-1 所示。

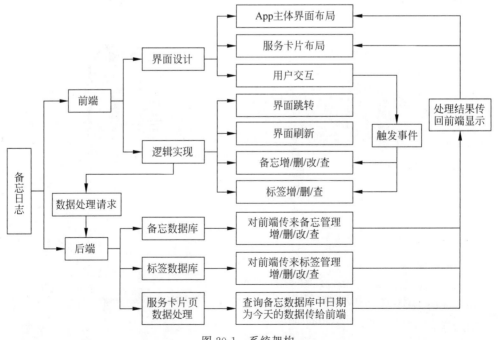

图 20-1 系统架构

20.1.2　系统流程

系统流程如图 20-2 所示。

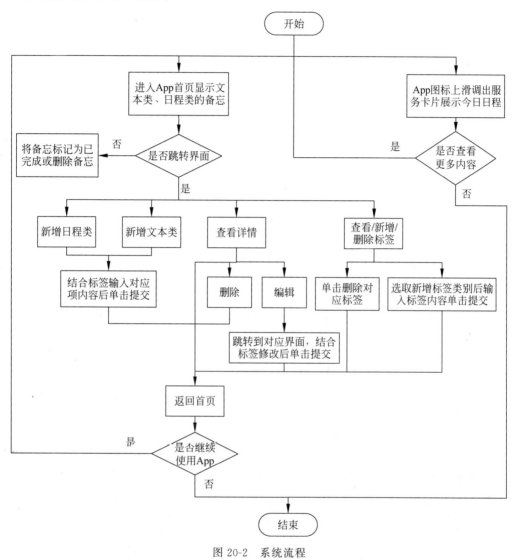

图 20-2　系统流程

20.2　开发工具

本项目使用 DevEco Studio 开发工具,安装过程如下。

(1) 注册开发者账号,完成注册并登录,在官网下载 DevEco Studio 并安装。

(2) 下载并安装 Node.js。

（3）模板类型选择 Empty Feature Ability，设备类型选择 Phone，语言类型选择 Java，单击 Next 后填写相关信息。

（4）创建后的应用目录结构如图 20-3 所示。

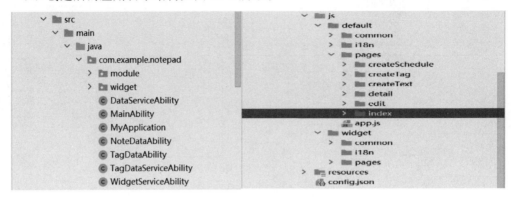

图 20-3　应用目录结构

（5）在 src/main 目录下进行备忘日志的应用开发。

20.3　开发实现

本部分包括前端界面、用户交互设计和后端业务，下面分别给出各模块的功能介绍及相关代码。

20.3.1　前端界面、用户交互设计

本部分包括首页、新建标签页、新建文本（日程）页、详情页、编辑页及服务卡片页的开发。

1. 首页

本界面展示文本类、日程类以及已完成的备忘，每条备忘绑定查看详情、标为已做、长按删除事件，单击右下方图标可进入新增文本类或日程类备忘界面，单击右上方图标"＋"，可进入新增标签页。

（1）将选好的 icon 图片以 .png 格式导入 js/default/common/images 文件夹下，如图 20-4 所示。

（2）设置顶部导航栏，@click 绑定重新加载 reload 与跳转新增标签页 goToAddTag 事件。

（3）使用 List 组件呈现备忘，List 子组件 list-item-group 用于分组展示文本类、日程类、已完成，List-item-group 子组件 list-item 展示每类中的具体子类。同时为每条备忘绑定单击标记已做/未做 recycle、查看详情 onClick 事件，长按删除 deleted 事件。这三个事件都传入

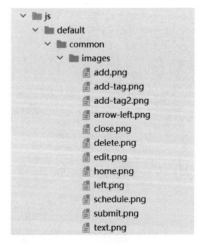

图 20-4　图片导入

备忘 ID 作为参数,使函数清楚触发事件的是哪条数据。

HML 布局:用 for 循环取出备忘数组 noteList 中的每条数据,if 做条件渲染,将满足条件的呈现于相应位置。

(4)单击添加文本或日程。HML 布局:使用菜单组件 menu、option 做子组件时展示弹出菜单的具体项目,value 表示选择项的值,作为 menu 父组件的 selected 事件中的返回值,JavaScript 中通过 value 的值判断执行哪个事件。

2. 新建标签页

本界面按类别展示所有标签,每个标签可单击删除。选取标签类别以及输入标签内容后可单击提交。

(1)顶部用于返回首页与提交。

(2)分类展示所有标签。HML 布局:用 for 循环取出标签数组 tagList 中每条数据,if 做条件渲染,判断每条数据属于什么类,piece 组件展示各标签内容,同时用 piece 组件携带的 onclose 事件绑定删除标签。

首页和新建标签页相关代码请扫描二维码文件 61 获取。

文件 61

(3)新增标签。HML 布局:用 input 单选框限制用户只能选择一项,input 单行输入框捕捉用户输入,相关代码请扫描二维码文件 62 获取。

文件 62

3. 新建文本(日程)页

新建文本或新建日程界面布局、样式、逻辑基本相同,区别在于日程有日期而文本没有。本界面实现新建日程,需要输入日程标题、日程描述,选择日期,其中对于日程标题和日程描述可自由选择是否借助自定义标签减少用户输入。

(1)顶部返回、提交与新建标签页不同之处在于新建标签页提交的是标签,而新建日程页提交的是备忘,JavaScript 逻辑代码如下。

```
//将用户输入提交,调用 submitNote 函数把用户输入传输给后端存入数据库
    submit:async function() {
        await this. $ app. $ def. submitNote({
            id: this. $ app. $ def.data.noteList[this. $ app. $ def.data.noteList.length - 1].
id + 1,
            isText:this. isText,
            title: this. title,
            description: this. description,
            deadline: this. deadline,
            done: this. done
        })
        router. back();
        prompt. showToast({
            message: '新增日程成功',
        });
    },
app. js:
//提交备忘具体实现
    submitNote:async function(note){
        var action = {};
```

```
//bundleName 和 abilityName 指明与 JavaScript FA 通信的 PA
action.bundleName = 'com.example.notepad';
action.abilityName = '.DataServiceAbility';
//messageCode 指明该操作的编号,PA 端通过该编号确定执行对应的处理方式
action.messageCode = ACTION_MESSAGE_CODE_UPDATE;
//将数据 note 传输给后端数据库处理
action.data = note;
//abilityType 指明调用方式,0 为 Ability,1 为 Internal Ability
action.abilityType = ABILITY_TYPE_EXTERNAL;
//syncOption 指明同步或者异步,0 为同步,1 为异步
action.syncOption = ACTION_SYNC;
//将 action 传输给 Java,通过 FeatureAbility.callAbility 将处理结果回滚
var result = await FeatureAbility.callAbility(action);
//传回的结果是 Json 数组,通过 JSON.parse 将数据转换为 JavaScript 对象
var ret = JSON.parse(result);
if (ret.code == 0) {
    console.info('plus result is:' + JSON.stringify(ret.abilityResult));
} else {
    console.error('plus error code:' + JSON.stringify(ret.code));
};
this.data.noteList = ret;
},
```

（2）输入标题。HML 布局：加载 tagList 数组中输入日程类标题的 tag 显示在此处，单击标签可将其加入 title 后面，减少用户输入。

```
<!-- 标题输入的地方 -->
    <text class = "label">标题:</text>
    <!-- 日程类标题标签 -->
    <div style = "display: flex;" for = "{{ tagList }}">
        <piece if = "$ item.isScheduleTitle" content = "{{ $ item.content}}" closable = "true"
onclose = "deletedTag( $ item)"@click = "addTitleTag( $ item)"></piece>
    </div>
    <!-- 使用 textarea 多行文本输入组件 -->
    <textarea value = "{{title}}" @change = "titleInput" style = "height: 55px;" placeholder =
"请在此输入日程标题" extend = "true"></textarea>
```

CSS 样式代码如下。

```
.label {
    font - size: 18px;
    margin:16px 0 6px 0;
}
textarea {
    padding: 16px
}
```

JavaScript 逻辑代码如下。

```
//将标题 tag 添加至标题中
    addTitleTag(tag){
        this.title = this.title + tag.content;
    },
```

```
//将标题输入赋值给 title
    titleInput(e){
        this.title = e.value;
    },
```

（3）输入内容。HML 布局：加载 tagList 数组中输入日程类描述的 tag 显示在此处，单击标签可将其加入 description 后面，减少用户输入。

```
<!-- 详细内容输入的地方 -->
    <text class = "label">内容:</text>
    <div style = "display: flex;" for = "{{ tagList }}">
        <piece if = "$ item.isScheduleDescription" content = "{{ $ item.content }}" closable =
"true" onclose = "deletedTag($ item)" @click = "addDescriptionTag($ item)"></piece>
    </div>
    <textarea value = "{{description}}" @change = "descriptionInput" style = "height: 240px;"
extend = "true" placeholder = "请在此输入日程详细内容"/>
```

JavaScript 逻辑实现代码如下。

```
//将 tag 添加至描述中
    addDescriptionTag(tag){
        this.description = this.description + tag.content;
    },
    //将描述输入赋值给 description
    descriptionInput(e){
        this.description = e.value;
    },
```

（4）选择日期，HML 布局代码如下。

```
<!-- 日期输入的地方 -->
    <text class = "label">日期:</text>
    <!-- 使用 datetime 时间日期选择器 -->
    <picker type = "datetime" value = "{{deadline}}"
@change = "deadlineInput"/>
```

JavaScript 逻辑实现：时间日期选择器确定格式为 yyyy-m-dd h:m，单击确定后时间日期选择器传回的月份比选择的月份少 1，故需要加 1 再上传。

```
//将选取的时间赋值给 deadline,格式为 yyyy-m-dd h:m,注意月份要在选取的基础上加 1
    deadlineInput(e){
        this.deadline = e.year + "-" + (e.month + 1) + "-" + e.day + " " + e.hour + ":" + e.minute;
    },
```

4. 详情页

本界面展示首页备忘的具体内容，文本类包括标题与内容，日程类包括标题、内容与日期。

（1）顶部返回功能与新建标签页相同。

（2）内容显示。HML 布局：首页跳转时携带 note 参数，指明需要查看详情的是哪个 note，JavaScript 确定是哪个 note 后赋值给 note 变量，故在 HML 中使用 this.note.title 可以显示标题，同理显示内容与日期。日程类有日期，需先判断 note 是日程类还是文本类，如果是日程类则展示日期。

文件63

文件64

文件65

（3）底部操作选项。HML 布局：用 icon 图标分别绑定删除与编辑事件。相关代码请扫描二维码文件 63 获取。

5. 编辑页

本界面对详情页展示的备忘进行修改，可借助标签。修改后单击右上方提交并更新。

界面布局、样式及逻辑实现与新增文本（日程）页基本相同，不同之处在于本界面需要将详情页的备忘数据预设在标题、内容、日期栏中。只要在 onShow()生命函数加载时将详情页传输 note 赋值给本界面中对应的参数即可，相关代码请扫描二维码文件 64 获取。

6. 服务卡片页

服务卡片在上滑应用图标时出现，本界面展示当天日程的时间和标题。

新建 Service Widget 文件后自动在 config.json 文件的 abilities 中配置 forms 模块服务卡片的属性，不需要修改。

因为服务卡片采用 html＋css＋json 开发形式，没有 JavaScript 做逻辑实现，故前端 HML＋GSS＋Json 只能搭建界面布局与样式，界面上呈现的内容需要经 Java 处理后传输给 Json 中定义的变量，HML 调用变量展示，CSS 设置格式，界面代码请扫描二维码文件 65 获取。

20.3.2 后端业务

本部分包括建立备忘 note 类及标签 tag 类，建立备忘数据库及对 JavaScript 处理备忘请求，建立标签数据库及对 JavaScript 处理标签请求，服务卡片显示当天日程。

1. 建立备忘 note 类及标签 tag 类

建立备忘 note 类及标签 tag 类有助于精确的对其数据进行处理，不需要转换等冗余操作，且方便前端调用时统一化、标准化。

（1）备忘 note 类。

```
package com.example.notepad.module;
//定义备忘类
public class note {
    public int id;              //ID 是区分不同 note 的唯一标识
    public boolean isText;      //是否为文本类,true 表示 note 属于文本类,false 表示 note 属于
                                //日程类
    public String title;        //备忘标题
    public String description;  //备忘详细内容
    public String deadline;     //备忘日期
    public boolean done;        //是否已做,true 表示已做,false 表示未做
    public note(int id,boolean isText,String title, String description, String deadline, boolean
done) {
        this.id = id;
        this.isText = isText;
        this.title = title;
        this.description = description;
        this.deadline = deadline;
        this.done = done;
    }
}
```

（2）标签 tag 类。

```
package com.example.notepad.module;
//定义标签 tag 类
public class tag {
    public int id;                          //ID 是区分不同 tag 的唯一标识
    //以下四个表示标签类别的变量在同一个 tag 中有且仅有一个为 true
    public boolean isTextTitle;             //是否为文本类标题,true 为是,false 为否
    public boolean isTextDescription;       //是否为文本类内容,true 为是,false 为否
    public boolean isScheduleTitle;         //是否为日程类标题,true 为是,false 为否
    public boolean isScheduleDescription;   //是否为日程类内容,true 为是,false 为否
    public String content;                  //标签内容
    public tag(int id, boolean isTextTitle, boolean isTextDescription, boolean isScheduleTitle,
boolean isScheduleDescription, String content){
        this.id = id;
        this.isTextTitle = isTextTitle;
        this.isTextDescription = isTextDescription;
        this.isScheduleTitle = isScheduleTitle;
        this.isScheduleDescription = isScheduleDescription;
        this.content = content;
    }
}
```

2. 建立备忘数据库及对 JavaScript 处理备忘请求

在工程中添加 Empty Data Ability,用于创建数据库并提供 API 接口。操作过程：在 DevEco Studio"Project"窗口当前工程的主目录 entry→src→main→java→com.xxx.xxx 中选择 File→New→Ability→Empty Data Ability,设置 Data Name 为 NoteDataAbility 并完成创建。此时,DevEco Studio 将自动生成类 NoteDataAbility 及相关方法,其继承类 Ability（默认实现数据库的增/删/改/查 API 方法）,故开发时只需重写相关增/删/改/查方法,不需要从创建函数开始。

在 NoteDataAbility 类中定义数据库相关常量,包括数据库名、表名、表字段名、数据库版本号等,定义如下。

```
private static final String DB_NAME = "notedataability.db";    //数据库名
    private static final String DB_TAB_NAME = "note";             //数据库表名
    private static final String DB_COLUMN_ID = "id";              //数据库表字段名 - ID
    private static final String DB_COLUMN_ISTEXT = "isText";      //数据库表字段名 - 是否为
                                                                  //文本类
    private static final String DB_COLUMN_TITLE = "title";        //数据库表字段名 - 标题
    private static final String DB_COLUMN_DESCRIPTION = "description";
                                                                  //数据库表字段名 - 内容
    private static final String DB_COLUMN_DEADLINE = "deadline";  //数据库表字段名 - 日期
    private static final String DB_COLUMN_DONE = "done";          //数据库表字段名 - 是否已做
    private static final int DB_VERSION = 1;                      //数据库版本号
```

建立备忘数据库及对 JavaScript 处理备忘请求的实现步骤如下。

（1）创建数据库。

（2）初始化数据库连接。

（3）重写数据库增/删/改/查操作方法。

（4）创建 DataAbilityHelper：通过 DataAbilityHelper 类访问当前应用提供的共享数据 note。DataAbilityHelper 作为客户端，与提供方的 Data 进行通信。Data 接收到请求后，执行相应的处理并返回结果。

（5）定义客户端访问数据库常量。

（6）定义客户端增/删/改/查方法。

（7）PA 实现 FA 请求。

以上相关代码请扫描二维码文件 66 获取。

文件 66

3. 建立标签数据库及对 JavaScript 处理标签请求

建立标签数据库及对 JavaScript 处理标签请求的实现与前一部分备忘数据库的建立基本相同，区别仅在于处理数据的格式不同，一个为 tag 类，一个为 note 类。

在 TagDataAbility 类中定义数据库相关常量，包括数据库名、表名、表字段名、数据库版本号等，相关代码请扫描二维码文件 67 获取。

文件 67

4. 服务卡片显示当天日程

新增卡片后，在 MainAbility 中自动生成卡片相关回调函数，当卡片使用方请求获取卡片时，卡片提供方会被拉起并调用 onCreateForm(Intent intent) 回调，intent 中会带有卡片 ID、卡片名称和卡片外观规格信息，可按需获取使用，相关代码请扫描二维码文件 68 获取。

文件 68

20.4 成果展示

打开 App，应用初始界面如图 20-5 所示。

分组显示文本类、日程类和已完成，可下拉或收起，单击每条备忘右侧方框可将其标为已完成，长按每条备忘可触发删除，如图 20-6 所示。

图 20-5 应用初始界面

图 20-6 删除

单击已完成方框可将其重新标为未完成,如图 20-7 所示。

单击界面右上方"＋"号可跳转新增/查看标签页,如图 20-8 所示。

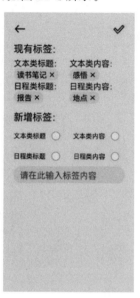

图 20-7　未完成界面　　　　　　　　图 20-8　查看标签

选择标签类别,在下方输入框输入标签内容,单击右上方"√"提交即可新增标签,如图 20-9 所示。

单击每个标签右侧"×"可删除对应标签,如图 20-10 所示。

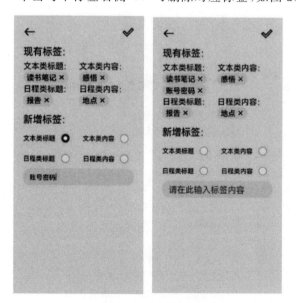

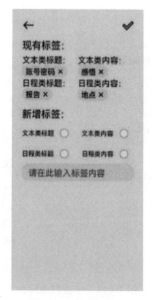

图 20-9　新增标签　　　　　　　　　　　　图 20-10　删除标签

回到首页,单击右下角新增icon,可跳转新增文本页或新增日程页,如图20-11所示。

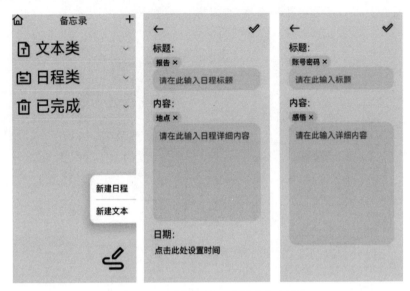

图 20-11　跳转新增日程页或文本页

无论在新增文本页还是新增日程页,均可单击标签将其加入标题或者内容中,如图20-12所示。

确定好标题、内容和日期后,单击右上角"√"可提交,将其加入首页,如图20-13所示,以新增日程为例,新增文本同理。

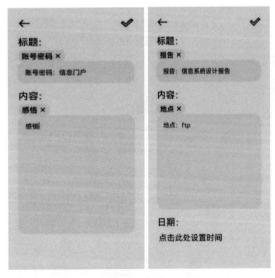

图 20-12　单击标签将其加入标题或内容

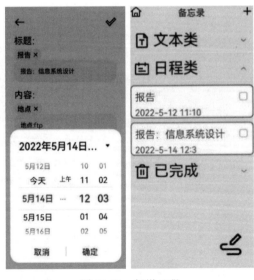

图 20-13　新增日程

回到首页,如查看具体备忘内容,即可跳转到备忘详情页,如图 20-14 所示。

单击左下方删除图标可删除本条备忘,如图 20-15 所示。

图 20-14 备忘详情页   图 20-15 删除备忘

单击右下方编辑可跳转到编辑界面,对本条备忘进行修改,同样可借助标签,如图 20-16 所示。

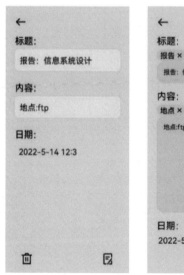

图 20-16 修改备忘

　　在应用图标上滑即可调出服务卡片,如果当前没有日程,显示当天暂无日程;如果当天有日程,显示日程具体时间和标题,如图 20-17 所示。

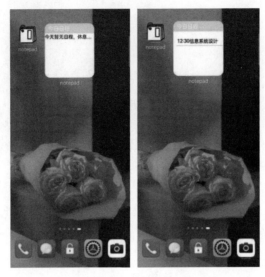

图 20-17　服务卡片

项目 21

待 办 备 忘

本项目通过鸿蒙系统开发工具 DevEco Studio,基于 JavaScript 开发一款待办备忘 App,实现提醒用户及时完成待办事项。

21.1　总体设计

本部分包括系统架构和系统流程。

21.1.1　系统架构

系统架构如图 21-1 所示。

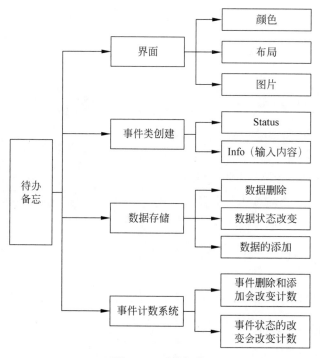

图 21-1　系统架构

21.1.2 系统流程

系统流程如图 21-2 所示。

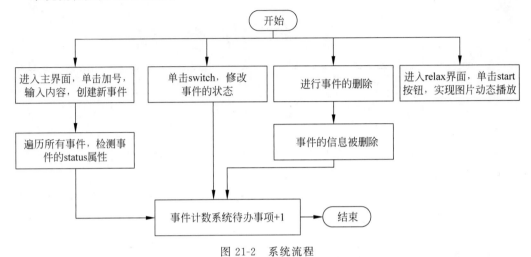

图 21-2　系统流程

21.2　开发工具

本项目使用 DevEco Studio 开发工具,安装过程如下。

（1）注册开发者账号,完成注册并登录,在官网下载 DevEco Studio 并安装。

（2）下载并安装 Node.js。

（3）模板类型选择 Empty Feature Ability,设备类型选择 Phone,语言类型选择 Java,单击 Next 后填写相关信息。

（4）创建后的应用目录结构如图 21-3 所示。

（5）在 src/main /js 目录下进行待办备忘的应用开发。

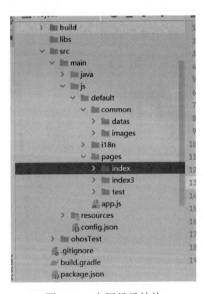

图 21-3　应用目录结构

21.3　开发实现

本部分包括界面设计和程序开发,下面分别给出各模块的功能介绍及相关代码。

21.3.1　界面设计

本部分包括图片导入、数据插入、界面布局和完整代码。

1. 图片导入

首先,将选好的界面图片导入 project 文件中;然后,将. png 格式/. pg 格式/. jpeg 格式文件保存在 js/default/common/images 文件夹下,如图 21-4 所示。

2. 数据插入

在 Test 中需要插入数据包,开始时会出现两个事件的数据。

3. 界面布局

待办备忘界面布局如下。

(1)第一个界面包括两个按钮和一个标题。

```
< div class = "container">
    < div class = "div1">
    < text class = "text1"> Memo </text >
    </div >
    < button value = "主界面" onclick = "launch1" class =
"info1"></button >
    < button value = "relax" onclick = "launch2" class =
"info2"></button >
</div >
```

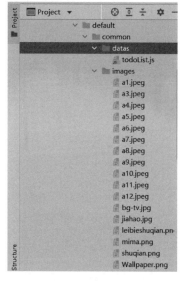

图 21-4　图片导入

(2)界面的顶部是一块元素,包括 1 个 title(备忘录)和 1 个"+"图标(用于添加事件),相关代码请扫描二维码文件 69 获取。

4. 完整代码

界面设计完整代码请扫描二维码文件 70 获取。

文件 69

文件 70

21.3.2　程序开发

本部分包括程序初始化、主界面初始化、创建事件函数、事件计数、事件删除与状态改变、数据存储和完整代码。

1. 程序初始化

将两个按钮设置为界面路由,单击即可跳转到主界面和 relax 界面。

```
//跳转到主界面的路由
launch1:function(){
    router.push({
        uri:'pages/test/test'               //调用 router.push,需要目标界面的 URI
    })
},
//跳转到 relax 界面的路由
launch2:function(){
    router.push({
        uri:'pages/index3/index3'
    })
}
```

2．主界面初始化

```
data: {
    //加号和书签图标的目录
    middleImage1: '/common/images/jiahao.jpg',
    middleImage2: '/common/images/shuqian.png',
    //待办事件列表
    todoList,
},
```

3．创建事件函数

```
//建立事件,todolist 是单独创建一个 JavaScript 文件,也是一个事件类,有 info 和 status 两个属性
setList(e) {
    //事件的两个属性赋值
    this.todoList.push({                       //调用 todolist
        info:this.inputTodo,
        status: false,
    })
    this.setStorage();                         //储存事件
    this.$element('eventDialog').close()       //事件建立后关闭弹框
    //弹框关闭后会显示已提交
    prompt.showToast({
        message: '已提交'})
},
//输入新事件的内容
getNewTodo(e){
    //输入 text 的 value 作为事件的 info 属性
    this.inputTodo = e.value;
},
```

4．事件计数

```
//计算事件中 status 为 false 的数量,也就是待办事件数量
computed:{
    needTodoNum(){
        let num = 0;                           //初始化 num
        //遍历 todolist 中每个事件,如果事件中的 status 为 false,则 num + 1
        this.todoList.forEach(item => {
            if(!item.status){
                num++;
            }
        });
        return num;
    }
},
```

5．事件删除与状态改变

事件删除后计数函数也会更新,事件的状态是指事件待办或已完成,状态改变是指在这

两种状态之间,通过取反 status 实现。

```
//删除事件
remove(index){
    console.log(index)                      //获得进行 remove 操作事件的信息
    this.todoList.splice(index,1)           //从 todolist 删除掉 index 事件
    this.setStorage();                      //事件被删除,储存更新
},
//对事件的 status 属性取反,达到能够改变事件状态的目的
changeStatus(index){
    console.log(index);                     //获得进行 changeStatus 操作事件的信息
    //对事件的 status 属性取反
    this.todoList[index].status = !this.todoList[index].status;
    this.setStorage();                      //存储该操作后事件的信息
},
```

6. 数据存储

```
//调用生命周期方法 onInit
onInit() {
    storage.get({
        key: 'todoList',                    //内容索引
        //接口调用成功的回调函数,调用成功会在 log 中打印
        success: data => {
            console.log('获取 Storage 成功' + data);
            this.todoList = JSON.parse(data) //服务器端获得 Json 数据后转换成 JavaScript 数组
        }
    });
},
//新建一个存储数据的方法
setStorage() {
    storage.set({
        key: 'todoList',
        value:JSON.stringify(this.todoList) //将 JavaScriptJS 数组转换为 Json 数据存储到
                                            //服务器端
    });
},
```

7. 完整代码

主界面及 relax 界面完整代码请扫描二维码文件 71 获取。

文件 71

21.4　成果展示

打开 App,应用初始界面如图 21-5 所示。

单击主界面按钮,界面如图 21-6 所示。

单击主界面的"+"后出现弹框,可以添加事件,会显示未完成事件的数量总和,如图 21-7 所示,共有 3 个事件,2 个完成,1 个待办,所以待办事件数量总和为 1。

图 21-5　应用初始界面　　　　图 21-6　主界面　　　　图 21-7　添加新事件主界面

relax 界面如图 21-8 所示,单击 start 后,自动更新图片,单击 resume 重新播放,单击 pause 暂停并停止更新。

图 21-8　relax 界面

项目 22

时 间 管 理

本项目通过鸿蒙系统开发工具 DevEco Studio，基于 JavaScript 开发一款时间管理软件，实现待办事项、安排表、纪念日记录等功能。

22.1　总体设计

本部分包括系统架构和系统流程。

22.1.1　系统架构

系统架构如图 22-1 所示。

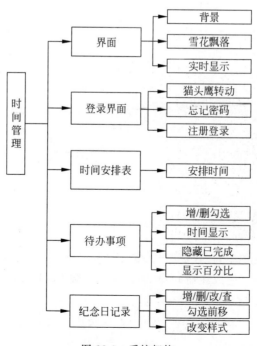

图 22-1　系统架构

22.1.2　系统流程

系统流程如图 22-2 所示。

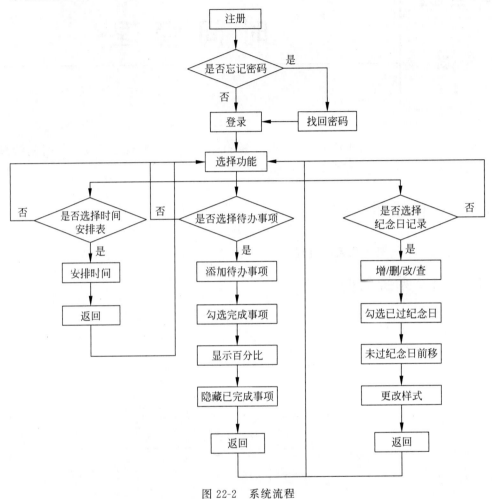

图 22-2　系统流程

22.2　开发工具

本项目使用 DevEco Studio 开发工具,安装过程如下。

(1) 注册开发者账号,完成注册并登录,在官网下载 DevEco Studio 并安装。

(2) 下载并安装 Node.js。

(3) 模板类型选择 Empty Feature Ability,设备类型选择 Phone,语言类型选择 Java,单击 Next 后填写相关信息。

(4) 创建后的应用目录结构如图 22-3 所示。

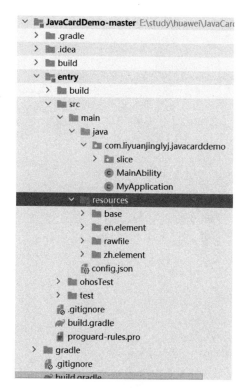

图 22-3   应用目录结构

（5）在 src/main/java 目录下进行时间管理软件的应用开发。

22.3   开发实现

本部分包括界面设计和程序井发，下面分别给出各模块的功能介绍及相关代码。

22.3.1   界面设计

本部分包括图片导入、界面布局和完整代码。

1．图片导入

首先，将选好的界面图片导入 project 文件中，图片包括整个软件所包括的背景图片及登录界面的猫头鹰动画图片；然后，将图片文件（. png 格式）保存在 src/main/resources/rawfile/base/images 文件夹下，如图 22-4 所示。

2．界面布局

时间管理软件的界面布局设计如下。

图 22-4   图片导入

（1）添加整个时间管理软件的背景图片并设置 body 参数。

```
body{
    align - items: center;
    background - repeat: no - repeat;              //背景不重复
    background - attachment: fixed;               //背景固定
    background - position: center ;               //居中
    background - color: #00BDDC;
    background - image: url(./base/light.jpg);    //导入背景图片
    background - size: cover;
    height: 100vh;
    place - items: center;
}
```

（2）猫头鹰动画的界面设计及实现。界面中有登录、注册、找回密码，从登录界面单击进行注册、找回密码，从这两个界面返回登录时，猫头鹰控件会在界面切换的同时进行翻转，表明这 3 个界面是由中间的小卡片翻转而成的动画，在输入密码时猫头鹰空间还有捂住眼睛的动画，使用开源代码。

```
<!-- 猫头鹰控件 -->
<!-- 登录界面 -->
< div class = "login sign - in - htm">
    < form class = "container offset1 loginform">
<!-- 登录部分的猫头鹰控件 -->
< div id = "owl - login" class = "login - owl">
<!-- 猫头鹰控件的头部 -->
    < div class = "hand"></div >
    < div class = "hand hand - r"></div >
<!-- 猫头鹰控件的手部 -->
    < div class = "arms">
    < div class = "arm"></div >
    < div class = "arm arm - r"></div >
    </div >
</div >
```

（3）在登录时判断用户名和密码是否为空，如果检测到为空则提示用户名不能为空或密码不能为空，且规定用户名只能是 15 位以下的字母或数字，不符合规定则进行提示，若用户名和密码无误，则登录成功，界面跳转到选择功能界面。

```
function login(){//登录
var username =  $("#login - username").val(),
    password =  $("#login - password").val(),
    validatecode = null,
    flag = false;
//判断用户名密码是否为空
if(username == ""){
    $.pt({
            target: $("#login - username"),
            position: 'r',
            align: 't',
```

```
                        width: 'auto',
                        height: 'auto',
                        content:"用户名不能为空"
                    });
                flag = true;
            }
            if(password == ""){
                $.pt({
                        target: $("#login-password"),
                        position: 'r',
                        align: 't',
                        width: 'auto',
                        height: 'auto',
                        content:"密码不能为空"
                    });
                flag = true;
            }
            //用户名只能是15位以下的字母或数字
            var regExp = new RegExp("^[a-zA-Z0-9_]{1,15}$");
            if(!regExp.test(username)){
                $.pt({
                        target: $("#login-username"),
                        position: 'r',
                        align: 't',
                        width: 'auto',
                        height: 'auto',
                        content:"用户名必须为15位以下的字母或数字"
                    });
                flag = true;
            }
            if(flag){
                return false;
            }else{//登录
                //调用后台登录验证的方法
                alert('登录成功');
                window.location.href = "./base/base.html"
            }
        }
```

（4）注册时判定用户名和密码是否已经输入，如果未检测到，则显示不能为空的提示，注册时需要调用后台方法检查注册码，这里固定为12345678，只有输入正确格式的用户名及注册码才能成功注册，成功后会提示并且在3秒后返回登录。

```
function register(){
    var username = $("#register-username").val(),
        password = $("#register-password").val(),
        repassword = $("#register-repassword").val(),
        code = $("#register-code").val(),
        flag = false,
        validatecode = null;
```

```javascript
//判断用户名密码是否为空
if(username == ""){
    $.pt({
            target: $("#register-username"),
            position: 'r',
            align: 't',
            width: 'auto',
            height: 'auto',
            content:"用户名不能为空"
        });
    flag = true;
}
if(password == ""){
    $.pt({
            target: $("#register-password"),
            position: 'r',
            align: 't',
            width: 'auto',
            height: 'auto',
            content:"密码不能为空"
        });
    flag = true;
}else{
    if(password != repassword){
        $.pt({
            target: $("#register-repassword"),
            position: 'r',
            align: 't',
            width: 'auto',
            height: 'auto',
            content:"两次输入的密码不一致"
        });
        flag = true;
    }
}
//用户名只能是15位以下的字母或数字
var regExp = new RegExp("^[a-zA-Z0-9_]{1,15}$");
if(!regExp.test(username)){
    $.pt({
            target: $("#register-username"),
            position: 'r',
            align: 't',
            width: 'auto',
            height: 'auto',
            content:"用户名必须为15位以下的字母或数字"
        });
    flag = true;
}
//调后台方法检查注册码,内容为12345678
if(code != '12345678'){
```

```
        $.pt({
            target: $("#register-code"),
            position: 'r',
            align: 't',
            width: 'auto',
            height: 'auto',
            content:"注册码不正确"
        });
        flag = true;
    }
    if(flag){
        return false;
    }else{        //注册
        spop({
         template: '<h4 class="spop-title">注册成功</h4>即将于3S后返回登录',
            position: 'top-center',
            style: 'success',
            autoclose: 3000,
            onOpen : function(){
                var second = 2;
                var showPop = setInterval(function(){
                    if(second == 0){
                        clearInterval(showPop);
                    }
                    $('.spop-body').html('<h4 class="spop-title">注册成功</h4>即将于'+
second + '秒后返回登录');
                    second -- ;
                },1000);
            },
            onClose : function(){
                goto_login();
            }
        });
        return false;
    }
}
```

（5）重置用户名、密码、注册码的要求与前面登录注册要求类似，在界面单击忘记密码处，输入正确格式的用户名、密码及正确的注册码即可重置密码，重置密码成功后在3秒内返回登录界面即可重新登录。

```
function forget(){
    var username = $("#forget-username").val(),
        password = $("#forget-password").val(),
        code = $("#forget-code").val(),
        flag = false,
        validatecode = null;
    //判断用户名密码是否为空
    if(username == ""){
        $.pt({
```

```
                    target: $("#forget-username"),
                    position: 'r',
                    align: 't',
                    width: 'auto',
                    height: 'auto',
                    content:"用户名不能为空"
                });
        flag = true;
    }
    if(password == ""){
        $.pt({
                    target: $("#forget-password"),
                    position: 'r',
                    align: 't',
                    width: 'auto',
                    height: 'auto',
                    content:"密码不能为空"
                });
        flag = true;
    }
    //用户名只能是15位以下的字母或数字
    var regExp = new RegExp("^[a-zA-Z0-9_]{1,15}$");
    if(!regExp.test(username)){
        $.pt({
                    target: $("#forget-username"),
                    position: 'r',
                    align: 't',
                    width: 'auto',
                    height: 'auto',
                    content:"用户名必须为15位以下的字母或数字"
                });
        flag = true;
    }
    //检查注册码是否正确
    if(code != '12345678'){
        $.pt({
                target: $("#forget-code"),
                position: 'r',
                align: 't',
                width: 'auto',
                height: 'auto',
                content:"注册码不正确"
                });
        flag = true;
    }
    if(flag){
        return false;
    }else{//重置密码
        spop({
            template: '<h4 class="spop-title">重置密码成功</h4>即将于3秒后返回登录',
```

```
            position: 'top - center',
            style: 'success',
            autoclose: 3000,
            onOpen : function(){
                var second = 2;
                var showPop = setInterval(function(){
                    if(second == 0){
                        clearInterval(showPop);
                    }
                    $ ('.spop - body').html('< h4 class = "spop - title">重置密码成功</h4>即将于'+
second + '秒后返回登录');
                    second -- ;
                },1000);
            },
            onClose : function(){
                goto_login();
            }
        });
        return false;
    }
}
```

3. 完整代码

界面设计完整代码请扫描二维码文件72获取。

文件 72

22.3.2 程序开发

本部分包括雪花飘落动画、选择界面、时间安排表、待办事项、纪念日记录及 HTML 文件,下面分别给出各模块的功能介绍及相关代码。

1. 雪花飘落动画

将雪花动画的 JavaScript 代码引入运用画面主要功能的 HTML 文件中。

```
< script src = "./js/jquery.min.js"></script >
< script src = "./js/snow.js"></script >
<!-- 雪花背景 -->
< div class = "snow - container"></div >
```

style.css 文件:设置 body 参数,背景居中,背景不重复且固定。

```
body{
  align - items: center;
  background - color: var(blue);
  background: url(./light.jpg);
  background - attachment: fixed;
  background - position: center;
  background - repeat: no - repeat;
  background - size: cover;
  display: grid;
  height: 80vh;
  place - items: center;
}
```

雪花飘落的属性设置如下。

```
.snow-container { position: fixed; top: 0; left: 0; width: 100%; height: 100%; pointer-events: none; z-index: 100001; }
```

2. 选择界面

在选择界面上方显示获取的当前实时时间,包括年月日、时分秒,并且在获取当前时间后设置刷新时间的间隔,也就是表面上看显示的时间像钟表一样在一分一秒地走动,实际上是因为设置刷新的时间比较短,肉眼很难看出,所以能够产生显示实时时间的效果。

```javascript
<script type="text/javascript">
window.onload = function(){
   var oDiv = document.getElementById('div1');
   var oDiv_last = document.getElementById('div2')
   function fnTime(){
//获取当前时间
var sNow = new Date();
var iYear = sNow.getFullYear();
//alert(iYear);
var iMonth = sNow.getMonth()+1;
var iDate = sNow.getDate();
var iWeek = sNow.getDay();
var iHour = sNow.getHours();
var iMinute = sNow.getMinutes();
var iSecond = sNow.getSeconds();
var today_time = iYear +"年" + iMonth + "月" + iDate +"日"+ iHour +"时" + iMinute +
"分" + iSecond + "秒";
   oDiv.innerHTML = today_time;
}
fnTime();
//设置刷新间歇时间
setInterval(fnTime,1000);
}
//设置显示时间的居中模式及字体为 24px
   </script>
   <style type="text/css">
      div{
         text-align: center;
         font-size:24px;
      }
   </style>
```

选择界面 timelist.html 文件代码,在此界面单击相应功能,例如,时间安排表、待办事项、纪念日记录,界面会跳转到相应的功能界面。

```html
<body>
<!-- 雪花背景 -->
<div class="snow-container"></div>
   <div id="div1"></div>
   <div id="div2"></div>
    <!-- 整体布局 -->
    <div class="container right-panel-active">
```

```
        <!-- 日程表 -->
    < div class = "container_from container -- signup">
      < form action = " # " class = "from" id = "from1">
        < h2 class = "from_title"> MY Schedule </h2>
      </form>
     </h1>
    < a class = "dianji" href = "./timelist.html">< button >单击进入</button></a>
    </div>
    <!-- 待办事项 -->
    < div class = "container_from container -- signin">
      < form action = " # " class = "from" id = "from2">
        < h2 class = "from_title"> MY TodoList </h2>
      </form>
     </h1>
    < a class = "dianji" href = "./todoli.html">< button >单击进入</button></a>
    </div>
    <!-- 纪念日记录 -->
    < div class = "container_from container -- signin">
      < form action = " # " class = "from" id = "from3">
        < h2 class = "from_title"> MY Anniversary </h2>
      </form>
     </h1>
    < a class = ."dianji" href = "./todo.html">< button >单击进入</button></a>
    </div>
    </div>
  </div>
```

3. 时间安排表

本界面标题显示时间安排表,下方返回按钮可以返回至选择功能界面,表中第一排为星期,第一列为从 7:00—22:00,每个格子对应某一星期的某个时刻,可以对应安排时间等。

```
        //编写出时间安排表格
        //设置表格高度50,宽度100,在第一排表格分别编写时间/星期的头标,以及从星期一到星期日
        //的英文简写,位置居中设置.
        < h1 align = "center" > 时间安排表</h1>
< table border = "5" cellspacing = "0" align = "center">
//返回按钮,返回到选择功能界面
        < a class = "zhuxiao" href = "./base.html">< button >返回</button></a>
        < tr >
            < td align = "center"
            height = "50"
            width = "100">< br >
//时间/星期头标
            < b>时间/星期</b></br>
        </td>
//星期一的英文简写,后面的星期与此编写相似
        < td align = "center"
        height = "50"
        width = "100">
        < b > Mon. < br ></b>
</td>
//时间的安排,这是 7:00 一排的设置,个数与星期天相同,之后的 7:00—22:00 编写相似
```

```html
<tr>
    <td align = "center" height = "50">
        <b>7:00</b></td>
        <td align = "center" height = "50" contenteditable = "true"></td>
        <td align = "center" height = "50" contenteditable = "true"></td>
        <td align = "center" height = "50" contenteditable = "true"></td>
        <td align = "center" height = "50" contenteditable = "true"></td>
        <td align = "center" height = "50" contenteditable = "true"></td>
        <td align = "center" height = "50" contenteditable = "true"></td>
        <td align = "center" height = "50" contenteditable = "true"></td>
    </tr>
```

4. 待办事项

todoli.html 文件代码,界面标题显示 Daily To-Do list,下方依旧有返回选择界面的按钮,同时在卡片上方显示日期,创建待办事项框中输入待办事项再单击后面的"+"即可创建,创建后在下方显示共有几个待办事项,勾选完成后会进行隐藏,单击显示已完成事项即可展示完成的事项及占比,也可以清空事项。相关代码请扫描二维码文件 73 获取。

文件 73

5. 纪念日记录

纪念日记录 HTML 文件,加入雪花飘落背景动画,具有增/删/改/查的基础功能,还有改变样式按钮,单击未过纪念日前移会把未勾画的节日前移提醒,单击勾选框可以表示纪念日已经过去,单击删除可以删除不想要的纪念日,新建纪念日和搜索关键字在下方,相关代码请扫描二维码文件 74 获取。

文件 74

6. HTML 文件

通过 Webview 组件访问 HTML 并实现文件之间的交互访问,MainAbilitySlice.java 相关代码如下。

```java
public class MainAbilitySlice extends AbilitySlice {
    HiLogLabel TAG = new HiLogLabel(HiLog.LOG_APP, 0x00201, "TAG");
    //定义 webview
        private WebView webView;
        @Override
        public void onStart(Intent intent) {
            super.onStart(intent);
            super.setUIContent(ResourceTable.Layout_ability_main);
this.webView = (WebView)findComponentById(ResourceTable.Id_ability_main_webview);
                this.webView.setWebAgent(new WebAgent(){
                @Override
                public boolean isNeedLoadUrl(WebView webView, ResourceRequest request) {
                    return super.isNeedLoadUrl(webView, request);
                }
                @Override
                public ResourceResponse processResourceRequest(WebView webView, ResourceRequest
request) {
                    final String authority = "example.com";
                    final String rawFile = "/rawfile/";
                    final String local = "/local/";
                    Uri requestUri = request.getRequestUrl();
                    if (authority.equals(requestUri.getDecodedAuthority())) {
```

```
                String path = requestUri.getDecodedPath();
                if (TextTool.isNullOrEmpty(path)) {
                    return super.processResourceRequest(webView, request);
                }
                if (path.startsWith(rawFile)) {
                    //根据自定义规则访问资源文件
                    String rawFilePath = "entry/resources/rawfile/" + path.replace
(rawFile, "");

                    String mimeType = URLConnection.guessContentTypeFromName(rawFilePath);
                    try {
                        Resource resource = getResourceManager().getRawFileEntry(rawFilePath).
openRawFile();

                        ResourceResponse response = new ResourceResponse(mimeType, resource,
null);

                        return response;
                    } catch (IOException e) {
                        HiLog.info(TAG, "open raw file failed");
                    }
                }
                return super.processResourceRequest(webView, request);
            }
        });
        this.webView.getWebConfig().setJavaScriptPermit(true);
//访问 HTML 文件的路径
        this.webView.load("https://example.com/rawfile/index.html");
        final String jsName = "JsCallbackToApp";
        webView.addJsCallback(jsName, new JsCallback() {
            @Override
            public String onCallback(String msg) {
                new ToastDialog(getContext())
                        .setText(msg)
                        .show();
                return "jsResult";
            }
        });
    }
```

ability_main.xml 代码如下。

```
< ohos.agp.components.webengine.WebView
    ohos:id = " $ + id:ability_main_webview"
//设置在手机上显示的高度为 700vp, 宽度适应手机
    ohos:height = "700vp"
    ohos:width = "match_parent"/>
```

22.4 成果展示

打开 App, 应用初始登录界面如图 22-5 所示。

单击注册, 输入用户名、密码和正确的注册码 12345678 即可注册, 单击返回登录, 如图 22-6 所示。

图 22-5　应用初始登录界面　　　　　图 22-6　应用注册

　　在登录界面单击忘记密码,转到下一界面,输入用户名、重置密码及正确的注册码即可重置密码,再单击返回登录,如图 22-7 和图 22-8 所示。

图 22-7　忘记密码界面　　　　　图 22-8　输入密码时猫头鹰遮眼睛动画

　　登录成功后跳转到选择界面,界面顶部显示实时时间,下方为三个功能的选择按钮,背景白色斑点是雪花飘落动画,如图 22-9 所示。在选择界面单击 MY Schedule 跳转到时间安排表界面,单击方格可输入安排事件,单击返回可返回到选择界面,如图 22-10 所示。

在选择界面单击 MY ToDoList 跳转到待办事项界面,卡片上方显示当前日期和星期,未发现待办事项时显示没有待办事项,单击返回可返回选择界面,如图 22-11 所示。

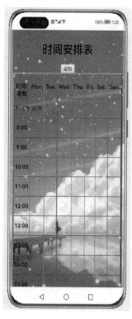

图 22-9 选择界面   图 22-10 时间安排表界面   图 22-11 待办事项界面

添加待办事项后,显示待办事项总数,勾选事项前面的方框代表完成,单击展示已完成事项按钮,即可显示完成的事项,并且显示已完成的百分数,选中某个事件,后方会出现按钮,单击按钮即可删除对应事项,选择清空即可清空全部事项,如图 22-12 所示。

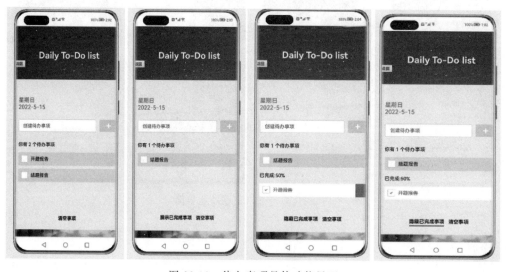

图 22-12 待办事项具体功能界面

　　在选择界面单击 MY Anniversary 跳转到纪念日界面,界面上已有的节日是给出的示例,单击删除可删除节日,单击勾选框可划去节日,单击未过节日前移按钮可将划去的节日前移,新建纪念日和搜索功能在界面下方,如图 22-13 和图 22-14 所示。

图 22-13　纪念日记录界面

图 22-14　纪念日记录功能界面

随心计时

本项目通过鸿蒙系统开发工具 DevEco Studio3.0，基于 JavaScript、HML 和 CSS 语言，采用轻量级数据存储，开发一款计时 App，实现多功能计时。

23.1 总体设计

本部分包括系统架构和系统流程。

23.1.1 系统架构

系统架构如图 23-1 所示。

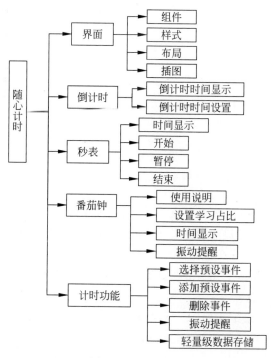

图 23-1 系统架构

23.1.2 系统流程

系统流程如图 23-2 所示。

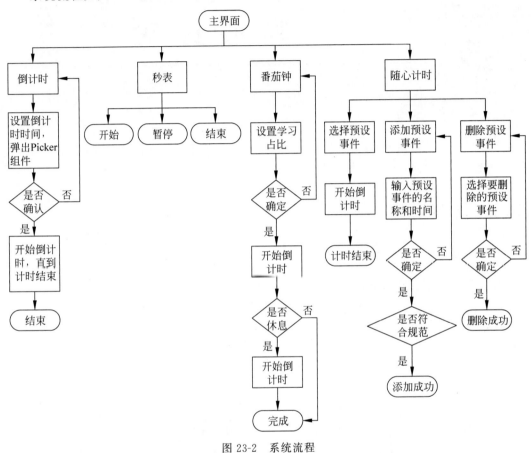

图 23-2 系统流程

23.2 开发工具

本项目使用 DevEco Studio3.0 开发工具,安装过程如下。

(1) 注册开发者账号,完成注册并登录,在官网下载 DevEco Studio 并安装。

(2) 完成开发环境的配置及签名。

(3) 模板类型选择 Empty Feature Ability,设备类型选择 Phone,语言类型选择 Java,单击 Next 后填写相关信息。

(4) 创建后的应用目录结构如图 23-3 所示。

(5) 在 src/main/js 目录下进行随心计时的应用开发。

图 23-3　应用目录结构

23.3　开发实现

本部分包括界面设计和程序开发,下面分别给出各模块的功能介绍及相关代码。

23.3.1　界面设计

本部分包括图片导入、界面布局和完整代码。

1. 图片导入

在番茄钟界面,采用卡通番茄图片作为计时背景,将选好的番茄图片导入 project 文件中,如图 23-4 所示。

2. 界面布局

随心计时包括很多组件的使用,例如,容器组件 dialog、div 以及 tabs、tab-bar、tab-content 的组合,基础组件 button、image、input、marque、option、picker、progress、text 等。

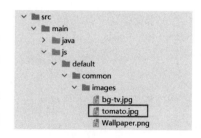

图 23-4　图片导入

(1) 设置 tabs 组件的布局,整体布局基于 tabs 组件。

```
< tabs class = "tabs" index = "0" vertical = "false">
    < tab - bar class = "tab - bar" mode = "fixed">
```

```
        < text style = "font - size : 20px; font - weight : 800;">倒计时</text >
        < text style = "font - size : 20px; font - weight : 800;">秒表</text >
        < text style = "font - size : 20px; font - weight : 800;">番茄钟</text >
        < text style = "font - size : 14px; font - weight : 800;">随心计时</text >
    </tab - bar >
```

（2）倒计时模块的界面，flex-direction 可以设置模块的排列方式。

```
< div class = "item - content" style = "display : flex; flex - direction : column;">
    < div style = "flex : 2; padding - left : 40px;">
        < picker type = "multi - text"
                class = "time - button"
                selected = "{{ defaultTime }}"
                value = "1"
                range = "{{ time }}" columns = "3"
                onchange = "selectedTime"
                >
            设置倒计时
        </picker >
    </div >
    ...
</div >
```

（3）倒计时模块的时间显示，格式为 XX:XX:XX。

```
< div style = "flex : 1;">
    < text class = "count" style = "font - weight : 800;">
        {{ count }}
    </text >
</div >
```

（4）倒计时模块的环形进度条，用于倒计时直观感受时间消耗过程。

```
< div style = "flex : 15;">
    < progress type = 'ring' percent = "{{ rate }}" class = "progress">
    </progress >
</div >
```

（5）秒表模块时间显示，格式为 ××:××:××。

```
< div style = "padding : 80px 60px; padding - left : 100px; background - color : lightsalmon;">
< text >{{ hours1 }}:{{ minutes1 }}:{{ seconds1 }}:{{ milliseconds1 }}</text >
</div >
```

（6）秒表模块暂停和继续按钮的转变。

```
< button onclick = "pulse" style = "flex : 2;" class = "btn">
    {{ pause }}
</button >
```

（7）番茄钟模块的跑马灯，用于显示使用说明。

```
< marquee style = "font - size : 24px; font - weight : 800;
        background - color : bisque; color : brown;">
```

　　番茄钟使用说明：将每小时切割成学习时间和休息时间。用户可以通过设定学习时间占比，从而执行番茄钟倒计时。

```
</marque>
```

（8）番茄钟模块，使用 picker 组件选择时间分配比例。

```
< picker type = "multi - text"
        class = "time - button"
        selected = "{{ defaultTime }}"
        value = "1"
        range = "{{ timePro }}" columns = "1"
        onchange = "tomato"
        >
        设置学习时间占比
</picker >
```

（9）番茄钟模块的番茄图片导入和时间显示。

```
< div style = "flex : 15">
        < image src = "../../common/images/tomato.jpg"/>
        < text class = "text">
            {{ tomato1 }}
        </text >
</div >
```

（10）番茄钟模块的时间倒计时完成后的弹窗。

```
< dialog id = 'envelope' oncancel = "cancelDialog">
    < button onclick = "relax"
            style = "flex : 2;"
            class = "btn">
        开始休息
    </button >
</dialog >
```

（11）随心计时模块预设事件列表。

```
< div style = "flex : 1; margin - left : 80px; margin : 20px; text - align : center;">
    < select onchange = "event" style = "font - weight : 800; font - size : 24px;">
        < option style = "text - align : center;" for = "{{ eventData }}" value = "{{ $ item.time }}">
{{ $ item.name }} {{ $ item.time }}分钟
        </option >
    </select >
</div >
```

（12）随心计时模块进度条显示。

```
< div style = "flex : 1;">
    < progress class = "progress" percent = "{{ jindu }}"></progress >
</div >
```

（13）随心计时模块单击添加事件后的弹窗，将传输到 JavaScript。

```
< dialog id = "eventDialog" style = "margin - bottom : 40 % ;">
```

```
< div class = "dialog - div">
    < div class = "inner - txt">
        < text class = "txt">添加预设事件</text >
    </div >
    < input placeholder = "请输入事件名称" onchange = "getList1" maxlength = "8"></input >
    < input placeholder = "请输入所需时间" onchange = "getList2" maxlength = "4"></input >
    < div class = "inner - btn">
        < button type = "text" value = "确认" onclick = "setList" class = "btn - txt"></button >
    </div >
</div >
</dialog >
```

（14）删除事件模块，采用 picker 组件。

```
< picker type = "text"
    class = "time - button"
    style = "width: 72 % ;"
    value = "1"
    range = "{{ selectedEventData }}"
    vibrate = "true"
    onchange = "delete"
    >
    删除事件
</picker >
```

CSS 样式包括倒计时计数显示框、进度条样式和 tabs 组件样式。

（1）倒计时计数显示框。

```
.count {
    align - items: center;
    justify - content: center;
    text - align: center;
    padding - left: 120px;
}
```

（2）进度条样式。

```
.progress {
    color: darkorange;
    background - color: yellowgreen;
    stroke - width: 30px
}
```

（3）tabs 组件样式。

```
.tabs {
    width: 100 % ;
}
.tabcontent {
    width: 100 % ;
    height: 80 % ;
    justify - content: center;
```

```
      background - color : antiquewhite;
   }
   .item - content {
      height: 100 % ;
      justify - content: center;
   }
   .tab - bar {
      margin: 10px;
      height: 80px;
      background - color: lightsalmon;
   }
```

3. 完整代码

界面设计完整代码请扫描二维码文件 75 获取。

文件 75

23.3.2　程序开发

本部分包括程序初始化、倒计时、秒表、番茄钟、随心计时和完整代码,下面分别给出各模块的功能介绍及相关代码。

1. 程序初始化

对随心计时 App 的数据进行初始化设置,相关代码请扫描二维码文件 76 获取。

文件 76

2. 倒计时

倒计时功能模块使用的函数为 setInterval(),相关代码如下。

```
selectedTime(e) {
    //从 picker 中获取分秒时
    var hour = e.newValue[0];
    var minute = e.newValue[1];
    var second = e.newValue[2];
    //将分秒时转换为秒数
    var diffSeconds = parseInt(hour) * 60 * 60 + parseInt(minute) * 60 + parseInt(second);
    //计算倒计时的结束时间(以 ms 为单位)
    var endTime = new Date().getTime() + diffSeconds * 1000;
    var that = this;
    that.rate = 100;
    //进行倒计时,并将倒计时(ms)化为分秒时
    var timer = setInterval(function () {
        var ts = new Date().getTime();
        var remain = (endTime − ts) / 1000;
        if (remain >= 60 && remain < 60 * 60) {
            var m = Math.ceil(remain / 60) − 1;
            var s = Math.ceil(remain − m * 60) − 1;
            var m1 = that.padding(m.toString(),2);
            var s1 = that.padding(s.toString(),2);
            console.log(m);
            console.log(s1);
            that.count = "00:" + m1 + ":" + s1;
        }
        else if (remain >= 60 * 60) {
```

```
        var h = Math.ceil(remain / 60 / 60 - 1);
        m = Math.ceil((remain - h * 60 * 60) / 60 - 1);
        s = Math.ceil((remain - h * 60 * 60) - m * 60);
        h = that.padding(h,2);
        m = that.padding(m,2);
        s = that.padding(s,2);
        console.log(h);
        console.log(m);
        console.log(s);
        that.count = h + ":" + m + ":" + s;
      }
      else {
        that.count = "00:00:" + (that.padding(Math.ceil(remain - 1).toString(),2));
      }
      //圆环的比例
      that.rate = Number(remain / diffSeconds) * 100;
      //计时结束的判断
      if (remain <= 0) {
        that.count = "计时结束";
        clearInterval(timer);
        that.rate = 100;
      }
    }, 1000);
  },
```

3. 秒表

秒表模块包括 start()(开始计时)、pause()(暂停计时和继续计时)、endCounting()(结束计时)三个功能,相关代码请扫描二维码文件 77 获取。

文件 77

4. 番茄钟

番茄钟模块的主要功能是设置每小时的学习占比后开始计时,相关代码请扫描二维码文件 78 获取。

文件 78

5. 随心计时

随心计时功能包括选择预设事件后开始计时、添加和删除预设事件,相关代码请扫描二维码文件 79 获取。

文件 79

6. 完整代码

程序开发完整代码请扫描二维码文件 80 获取。

文件 80

23.4 成果展示

打开 App,应用初始界面如图 23-5 所示。

在初始界面中,可以看到顶部有导航栏,导航栏中有倒计时、秒表、番茄钟和随心计时四个模块,初始界面所在的是倒计时界面。

在倒计时模块,单击设置倒计时,出现时间选择组件,从左到右的选择内容分别为时、分、秒,单击确定按钮后开始计时(默认设为 0 时 0 分 5 秒),如图 23-6 所示。

计时结束后,显示的时间变成计时结束字样,如图23-7所示。

图 23-5　应用初始界面　　　　图 23-6　设置倒计时界面　　　　图 23-7　倒计时界面

在秒表(正计时)模块,计时显示格式为"时:分:秒:毫秒"。有开始、暂停、结束三个按钮,单击开始按钮后即开始计时;单击暂停按钮则暂停计时,暂停按钮变成继续按钮,单击后即可继续计时;单击结束按钮结束计时,如图23-8所示。

番茄钟模块界面如下,界面顶部为使用说明,如图23-9所示。

单击设置学习时间占比会弹出Picker组件选择占比(范围是60%~100%),如图23-10所示。

图 23-8　秒表模块界面　　　　图 23-9　番茄钟界面　　　　图 23-10　番茄钟设置学习时间占比

单击确定后开始倒计时,倒计时时间显示在番茄图片上,结束倒计时后振动,会有弹窗询问是否休息,单击休息则停止倒计时,如图23-11所示。

单击下拉菜单后显示预设事件列表和所需时间，如图 23-12 所示。

单击事件后计时，进度条开始滚动，计时结束后振动，如图 23-13 所示。

图 23-11　番茄钟倒计时显示　　图 23-12　预设事件列表和所需时间　　图 23-13　随心计时界面

单击添加事件弹出对话框，输入添加预设事件的名称和时间，单击确认，系统判断无误后提交并保存在轻量级数据存储，如图 23-14 所示。

单击删除事件按钮，弹出 picker 组件，内容为预设事件列表，选择欲删除事件后单击确定即可删除成功并从轻量级数据存储中移除，如图 23-15 所示。

图 23-14　添加预设事件　　　　　　图 23-15　删除事件界面

项目 24

矩 阵 计 算

本项目通过鸿蒙系统开发工具 DevEco Studio，基于 Java 语言和 XML 布局，开发一款矩阵计算 App，实现普通矩阵化简为阶梯矩阵。

24.1　总体设计

本部分包括系统架构和系统流程。

24.1.1　系统架构

系统架构如图 24-1 所示。

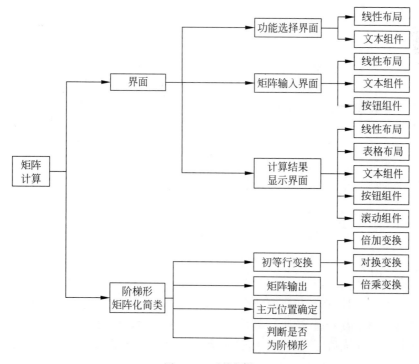

图 24-1　系统架构

24.1.2　系统流程

系统流程如图 24-2 所示。

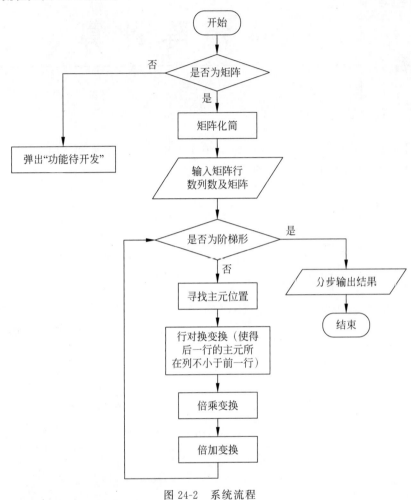

图 24-2　系统流程

24.2　开发工具

本项目使用 DevEco Studio 开发工具,开发过程如下。

(1) 注册开发者账号,下载并安装 DevEco Studio。

(2) 单击新建项目,选择相应的模板,如图 24-3 所示。

(3) 进入项目配置界面,按照如图 24-4 和图 24-5 所示进行配置。

(4) 项目配置完成后,单击 Finish,目录结构如图 24-6 所示。

(5) 完成矩阵计算器的应用开发。

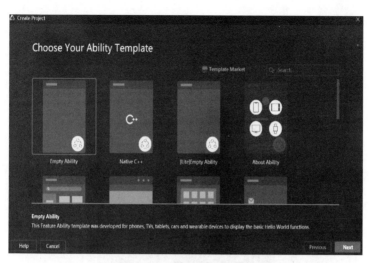

图 24-3　项目创建界面

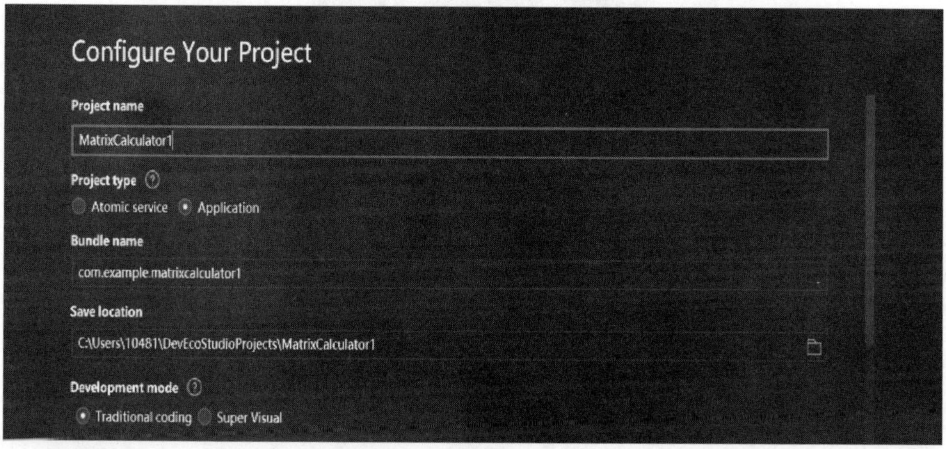

图 24-4　项目配置界面

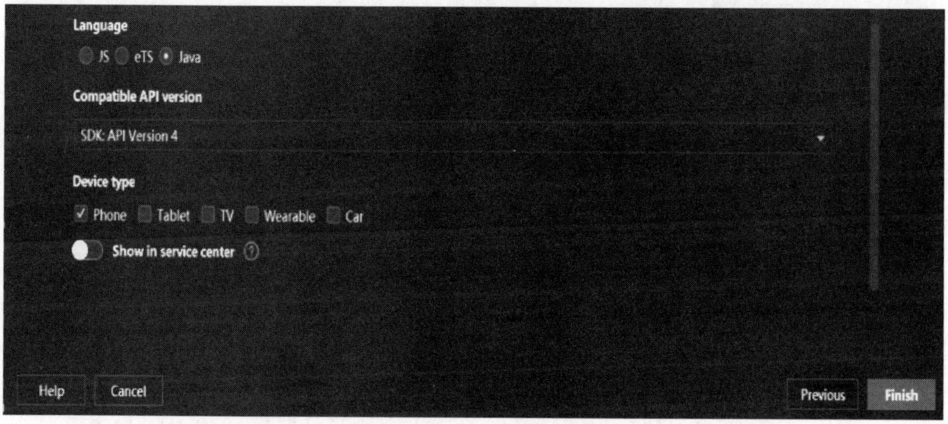

图 24-5　项目配置选择界面

图 24-6   项目配置目录结构

24.3   开发实现

本部分主要包括界面设计、矩阵阶梯形化简算法和逻辑代码，下面分别给出各模块的功能介绍及相关代码。

24.3.1   界面设计

本部分主要包含功能选择界面、矩阵输入界面和计算结果显示界面。其中功能选择界面、矩阵输入界面使用 XML 进行开发，计算结果显示界面选择 Java 进行开发。

1. 功能选择界面

功能选择界面采用线性布局(DirectionalLayout)，包含 5 个 Text 组件。1 个组件为界面内容提示，其他 4 个组件为计算功能选择。功能选择 Text 组件的左侧放置 1 个图片元素，实现方式如下。

```
ohos:element_left = "$media:ic_cal_outline_grey600_24dp"
```

功能选择如图 24-7 所示。

相关代码请扫描二维码文件 81 获取。

2. 矩阵输入界面

界面采用线性布局(DirectionalLayout)，包含两个 Button 组件、两个 Text 组件、3 个 TextField 组件。为方便用户使用，TextField 组件加入输入提示，实现方法如下。

文件 81

```
ohos:hint = "请输入矩阵的列数:"
ohos:hint_color = "#FF989595"
```

通过 XML 文件创建 1 个 shape,使其为圆角矩形的形状,实现方法如下。

```xml
<?xml version = "1.0" encoding = "UTF-8" ?>
<shape xmlns:ohos = "http://schemas.huawei.com/res/ohos"
        ohos:shape = "rectangle">
    <corners
        ohos:radius = "40"/>
    <solid
        ohos:color = "#FFFDFEFF"/>
</shape>
```

通过 XML 文件创建 1 个 shape,使其为圆角矩形的形状,背景色设置为灰色,实现方法如下。

```xml
<?xml version = "1.0" encoding = "utf-8"?>
<shape
    xmlns:ohos = "http://schemas.huawei.com/res/ohos">
    <corners
        ohos:radius = "40"/>
    <solid ohos:color = "#FFCED3D9"/>
</shape>
```

线性布局的背景被指定为 media 文件夹下相应的图片,矩阵输入如图 24-8 所示,实现方法如下。

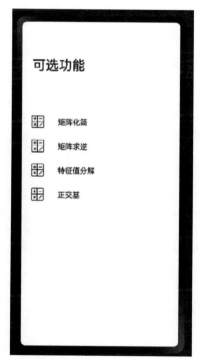

图 24-7　功能选择

图 24-8　矩阵输入

```
ohos:background_element = "$media:main_background"
```

相关代码请扫描二维码文件82获取。

文件82

3. 计算结果显示界面

界面采用线性布局（DirectionalLayout）与表格布局（TableLayout），包含两个 Button 组件、1 个 ScrollView 组件、多个 TextField 组件。通过按钮返回矩阵输入界面，相关代码如下。

```java
//返回按钮监听事件
backButton.setClickedListener(new Component.ClickedListener() {
    @Override
    public void onClick(Component component) {
        //获取 Intent 对象
        Intent returnHomeIntent = new Intent();
        //指定待启动 FA 的 bundleName 和 abilityName
        Operation operation = new Intent.OperationBuilder()
            .withDeviceId("")
            .withBundleName("com.example.matrixcalculator")
            .withAbilityName("com.example.matrixcalculator.MainAbility")
            .build();
        returnHomeIntent.setOperation(operation);
        //通过 AbilitySlice 的 startAbility 接口实现启动另一个界面
        startAbility(returnHomeIntent);
    }
});
```

在按钮上增加图片元素，相关代码如下。

```java
Resource bgResource = null;
    try {
        //获取 Media 文件夹中的图片资源
        bgResource = getResourceManager().getResource(ResourceTable.Media_return);
                                //Media 下图片资源 ID eg:ResourceTable.Media_icon
    } catch (IOException | NotExistException e) {
        e.printStackTrace();
    }
    //根据资源生成 PixelMapElement 实例
    PixelMapElement pixBg1 = new PixelMapElement(bgResource);
    //在按钮上增加返回图片
    backButton.setAroundElements(pixBg1, null, null, null);
```

每次操作前，矩阵的行数与列数不确定。因此，需要创建一个可以动态调整元素个数的 TableLayout，在 TableLayout 中存放矩阵元素，相关代码如下。

```java
//创建表格布局
TableLayout tableLayoutObject = new TableLayout(getApplicationContext());
                                                //创建表格组件
//tableLayoutObject.setOrientation(1);
tableLayoutObject.setRowCount(row);            //设置表格的行数
tableLayoutObject.setColumnCount(col);         //设置表格的列数
tableLayoutObject.setAlignmentType(TableLayout.ALIGN_CONTENTS);  //设置排列方式
```

　　矩阵元素数目过多时,矩阵可能超出手机的屏幕,因此借助 ScrollView 组件使得屏幕可以左右滑动,如图 24-9 所示,相关代码如下。

```
//创建滚动组件
        ScrollView scrollViewObjectForTable = new ScrollView
(getApplicationContext());
        scrollViewObjectForTable.setScrollBarMode(Component.
RECT_SCROLL_BAR_MODE);
//设置滚动条的模式
        scrollViewObjectForTable.setScrollbarBackgroundColor
(new Color(0xFF808080));    //设置滚动条的背景色
        scrollViewObjectForTable.setScrollbarColor(new Color
(0xFFFFFFFF));            //设置滚动条的颜色
        scrollViewObjectForTable.setScrollbarThickness(10);
                        //设置透明度
        scrollViewObjectForTable.enableScrollBar(Component.AXIS_
X,true);                //设置滚动条方向,并且使能开启
        scrollViewObjectForTable.setScrollbarRoundRect(true);
                        //设置滚动条边框
```

scrollViewObjectForTable.setScrollbarRadius
(scrollViewObjectForTable.getScrollbarThickness()/2);
　　　　　　　　　//设置弧度

图 24-9　计算结果

相关代码请扫描二维码文件 83 获取。

文件 83

24.3.2　矩阵阶梯形化简算法

　　本部分主要包括初等行变换、矩阵输出、主元位置确定、判断是否为阶梯形和完整化简。其中初等行变换模块分为三个子模块:倍加变换、对换变换和倍乘变换。下面分别给出各模块的功能介绍及相关代码。

1. 初等行变换

初等行变换包括倍加变换、对换变换、倍乘变换。

　　(1)倍加变换。将矩阵某一行乘以一个系数,加到矩阵的另一行上,以消除矩阵主元列上多余的元素。

　　(2)对换变换。为对矩阵进行与行的交换操作,以使矩阵下一行主元列的编号不小于上一行主元列的编号。

　　(3)倍乘变换。消除某行的公因子,以简化矩阵。

　　相关代码请扫描二维码文件 84 获取。

2. 矩阵输出

将矩阵转换为一个字符串,以便将其传递给前端界面进行显示,相关代码如下。

文件 84

```
/**
 * 输出矩阵(用于测试代码功能)
```

```
     */
    public void printMatrix() {
        for (int i = 0; i < row; i++) {                    //遍历行
            for (int j = 0; j < col; j++) {                //遍历列
                System.out.print(matrix[i][j] + " ");
                if (j == col - 1) {
                    System.out.print("\n");                //每行输出结束换行
                }
            }
        }
    }
    /**
     * 将输出矩阵转换为字符串(用于实际的输出)
     * @return matrixString
     */
    public String matrixToString(){
        String matrixString = "";                          //创建空字符串
        for (int i = 0; i < row; i++) {
            for (int j = 0; j < col; j++) {
                matrixString += matrix[i][j] + " ";        //将矩阵元素按照行优先的顺序存入字符串
            }
        }
        return matrixString;
    }
```

3. 主元位置确定

确定每行主元所在的列,存储到一个数组中,以便其他功能使用主元列的数据,相关代码如下。

```
    /**
     * 找到每行的主元所在的列
     * @return firstindex
     */
    public int[] findFirstIndex() {
        int[] firstindex = new int[row];                   //记录每行的主元列
        for (int i = 0; i < row; i++) {
            int flag = 0;                                  //主元是否找到标志
            for (int j = 0; j < col; j++) {
                if (matrix[i][j] != 0) {
                    firstindex[i] = j;                     //记录该行主元所在的列
                    flag = 1;                              //标志在该行找到了主元
                    break;
                }
            }
            if (flag == 0) {                               //若未找到主元,则记录最后一列的下标
                firstindex[i] = col - 1;
            }
        }
        return firstindex;
    }
```

4. 判断是否为阶梯形

判断矩阵是否已经是阶梯形矩阵,是则停止化简操作,相关代码如下。

```
/**
 * 判断矩阵是否为阶梯形
 * @return bool
 */
public int isTrapezoid() {
    int[] firstindex;
    firstindex = findFirstIndex();                  //找到每行的主元列
    for (int i = 0; i < row - 1; i++) {
        //一旦出现后行的主元列先于前行主元列的情况,则返回 0
        if ((firstindex[i] >= firstindex[i + 1]) && (firstindex[i + 1] != col - 1)) {
            return 0;
        }
    }
    return 1;                                       //满足阶梯形,返回 1
}
```

5. 完整化简

相关代码请扫描二维码文件 85 获取。

文件 85

24.3.3　逻辑代码

逻辑代码主要实现抽屉式布局的初始化、界面跳转及差错处理的功能。

1. 抽屉式布局的初始化

调用 API 'https://s01.oss.sonatype.org/content/repositories/snapshots/',初始化代码请扫描二维码文件 86 获取。

文件 86

2. 界面跳转

当用户输入正确矩阵的行数、列数与矩阵本身,并单击计算按钮时,界面将跳转至计算结果展示界面,相关代码如下。

```
Intent resultIntent = new Intent();            //获取 Intent 对象
resultIntent.setParam("row",row);              //将矩阵的行作为 Intent 传递的一个参数
resultIntent.setParam("col",col);              //将矩阵的列作为 Intent 传递的一个参数
resultIntent.setParam("matrixString",temp);    //将矩阵字符串作为 Intent 传递的一个参数,
                                               //指定待启动 FA 的 bundleName 和 abilityName
Operation operation = new Intent.OperationBuilder()
    .withDeviceId("")
    .withBundleName("com.example.matrixcalculator")
    .withAbilityName("com.example.matrixcalculator.ResultDisplayAbility")
        .build();
resultIntent.setOperation(operation);
//通过 AbilitySlice 的 startAbility 接口实现启动另一个界面
startAbility(resultIntent);
```

3. 差错处理

如果用户非法输入,则进行提示,并重新定位到当前界面,相关代码如下。

```
//异常处理:矩阵的行和列不能为0
 try{
     int row;                                              //存储矩阵的行
     int col;                                              //存储矩阵的列
     TextField textField1 = (TextField)findComponentById(ResourceTable.Id_textfield1);
//与textfield1组件绑定
     TextField textField2 = (TextField)findComponentById(ResourceTable.Id_textfield2);
//与textfield2组件绑定
     TextField textField3 = (TextField)findComponentById(ResourceTable.Id_textfield3);
//与textfield3组件绑定
     String temp;                                          //暂存从文本组件中获得的字符串
     temp = textField1.getText();
//从textField1获得矩阵的行对应的字符串
     row = Integer.parseInt(temp);                         //将字符串转换为整型数字
     //System.out.println(my1);
     temp = textField2.getText();
//从textField2获得矩阵的列对应的字符串
     col = Integer.parseInt(temp);                         //将字符串转换为整型数字
     temp = textField3.getText();
//从textField3获得矩阵对应的字符串
     if(!(row > 0&&col > 0)){
         //抛出数组下标越界异常
         ArrayIndexOutOfBoundsException exception = new ArrayIndexOutOfBoundsException();
         throw exception;
     }
     Intent resultIntent = new Intent();           //获取Intent对象
     resultIntent.setParam("row",row);             //将矩阵的行作为Intent传递的一个参数
     resultIntent.setParam("col",col);             //将矩阵的列作为Intent传递的一个参数
     resultIntent.setParam("matrixString",temp);//将矩阵字符串作为Intent传递的一个参数,
                                                   //指定待启动FA的bundleName和abilityName
     Operation operation = new Intent.OperationBuilder()
     .withDeviceId("")
     .withBundleName("com.example.matrixcalculator")
     .withAbilityName("com.example.matrixcalculator.ResultDisplayAbility")
             .build();
     resultIntent.setOperation(operation);
     //通过AbilitySlice的startAbility接口实现启动另一个界面
     startAbility(resultIntent);
}catch(Exception e){                                       //处理输入行数或列数有问题的异常
     ToastDialog toastDialogInputError = new
ToastDialog(getApplicationContext());                      //创建提示信息组件
     toastDialogInputError.setAlignment(1);
     toastDialogInputError.setText("您输入的行列数有问题,矩阵的行列数必须大于0").
setDuration(3000).show();                                  //设置提示文本及显示时间
     //更新界面,使用户重新输入
     //获取Intent对象
     Intent returnHomeIntent = new Intent();
     //指定待启动FA的bundleName和abilityName
     Operation operation = new Intent.OperationBuilder()
         .withDeviceId("")
```

```
        .withBundleName("com.example.matrixcalculator")
        .withAbilityName("com.example.matrixcalculator.MainAbility")
            .build();
    returnHomeIntent.setOperation(operation);
    //通过 AbilitySlice 的 startAbility 接口实现启动另一个界面
    startAbility(returnHomeIntent);
}
```

24.4　成果展示

打开 DevEco Studio 软件,如图 24-10 所示。

图 24-10　DevEco Studio 软件图标

使用 Previewer 查看 XML 编写的界面效果,如图 24-11 所示。

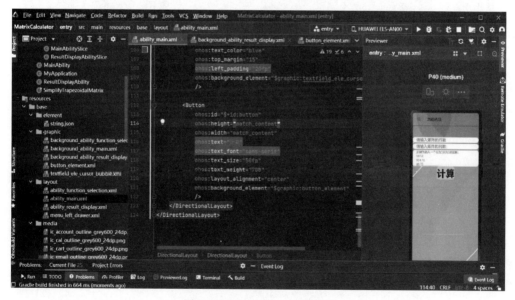

图 24-11　Previewer 查看界面

对于程序运行的调试,DevEco Studio 提供三种选择:Local Emulator、Remote Emulator 和 Remote Device,本项目选择 Remote Emulator 的调试方式。

在 Tools 中选择 Device Manager,如图 24-12 所示。

选择 Remote Emulator,单击 Sign In,如图 24-13 所示。

输入注册的账号和密码,如图 24-14 所示。

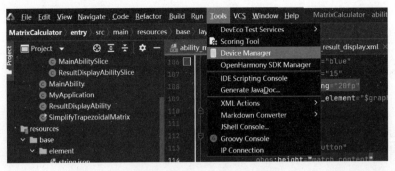

图 24-12　Device Manager 选择界面

图 24-13　Remote Emulator 登录界面

图 24-14　登录及授权界面

选择要使用的远程模拟器,本项目选择 P40 Pro,如图 24-15 所示。

图 24-15　设备选择界面

选择好设备即可运行程序或者调试程序,如图 24-16 所示。

打开应用程序进入首页,默认在矩阵化简界面,如图 24-17 所示。

用户可以根据需求选择不同的计算功能,如图 24-18 所示。

图 24-16　调试界面　　　　图 24-17　矩阵化简界面　　　　图 24-18　功能选择界面

单击矩阵化简即可进入各功能,单击其他功能会出现此功能待开发的弹窗,为后续的开发预留接口,如图 24-19 所示。

用户输入矩阵信息时,应用程序会请求相应的权限,如图 24-20 所示。

按照提示输入矩阵的行数、列数与矩阵本身,如图 24-21 所示。

图 24-19　功能待开发弹窗界面

图 24-20　权限请求界面

图 24-21　矩阵输入界面

单击计算即可进入计算过程展示界面,如图 24-22 所示。

单击继续化简,即可显示化简一步的操作以及进行操作后的矩阵,如图 24-23 所示。

多次化简后,当矩阵已成为阶梯形时,会出现弹窗"矩阵已化简为阶梯形",如图 24-24 所示。

图 24-22　计算过程展示界面

图 24-23　进一步矩阵化简界面

图 24-24　化简结束弹窗

　　用户操作结束后,可以单击上方的返回按钮,返回主界面,如图24-25所示。

　　此外,本应用程序会对用户的输入进行检查,一旦用户输入不合法时,会提示用户重新输入,并重新定位到相应的功能界面。当用户输入的行数、列数与输入的矩阵不对应时,如图24-26所示。

　　当用户输入的行数或者列数本身不合法时,如图24-27所示。

图 24-25　返回主界面

图 24-26　输入差错处理(一)

图 24-27　输入差错处理(二)

项目 25 家 庭 记 账

本项目通过鸿蒙系统开发工具 DevEco Studio,基于 Java 和 XMK 开发一款家庭记账软件,利用分布式数据库实现账目信息的存储、读取和删除,利用分布式协同技术,实现不同设备间的流转记账功能及设备间的账目信息实时更新。

25.1 总体设计

本部分包括系统架构和系统流程。

25.1.1 系统架构

系统架构如图 25-1 所示。

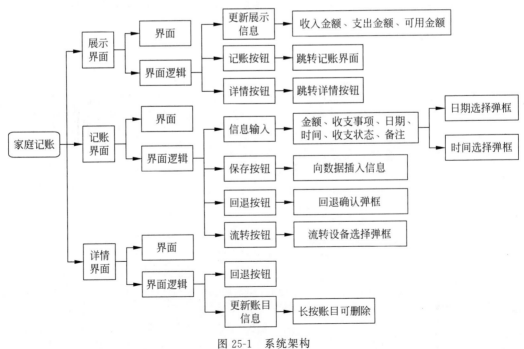

图 25-1 系统架构

25.1.2　系统流程

系统流程如图 25-2 所示。

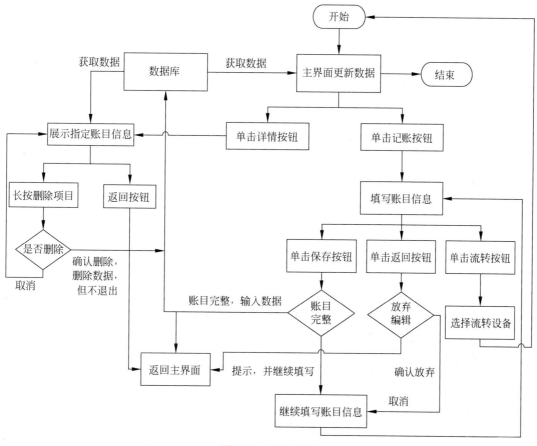

图 25-2　系统流程

25.2　开发工具

本项目使用 DevEco Studio 开发工具，安装过程如下。

（1）注册开发者账号，完成注册并登录，在官网下载 DevEco Studio 并安装。

（2）模板类型选择 Empty Feature Ability，设备类型选择 Phone，语言类型选择 Java，单击 Next 后填写相关信息。

（3）创建后的应用目录结构如图 25-3 所示。

（4）在 src/main/java 目录下进行 Family Cashbook 的应用开发。

（5）预测要用到的权限，在 config.json 文件的 reqPermissions 中进行申明，相关代码如下。

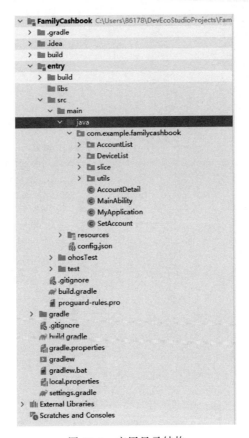

图 25-3　应用目录结构

```
"reqPermissions": [
  {"name": "ohos.permission.DISTRIBUTED_DATASYNC"},
  {"name": "ohos.permission.DISTRIBUTED_DEVICE_STATE_CHANGE"},
  {"name": "ohos.permission.GET_DISTRIBUTED_DEVICE_INFO"},
  {"name": "ohos.permission.GET_BUNDLE_INFO"}
]
```

ohos. permission. DISTRIBUTED_DEVICE_STATE_CHANGE：用于允许监听分布式组网内的设备状态变化。

ohos. permission. GET_DISTRIBUTED_DEVICE_INFO：用于允许获取分布式组网内的设备列表和设备信息。

ohos. permission. GET_BUNDLE_INFO：用于查询其他应用的信息。

ohos. permission. DISTRIBUTED_DATASYNC：用于允许不同设备间的数据交换。

（6）去除界面的 TitleBar，在 config.json 文件的"abilities"中每个{}内添加语句。

```
"metaData": {
  "customizeData": [
    {
```

```
        "name": "hwc - theme",
        "extra": "",
        "value": "androidhwext:style/Theme.Emui.Light.NoTitleBar"
      }
    ]
  }
```

25.3　开发实现

本部分包括界面设计和程序开发,项目共分为主界面、记账界面、详情界面,下面分别给出各模块的功能介绍及相关代码。

25.3.1　界面设计

本部分包括图片导入、界面布局和完整代码。

1. 图片导入

首先,将选好的主界面背景图片(.png 格式)导入 resources/base/media 中;然后,将主界面出现的图标以矢量方式写入 XML 文件中,导入 resources/base/graphic 文件夹下,如图 25-4 和图 25-5 所示。

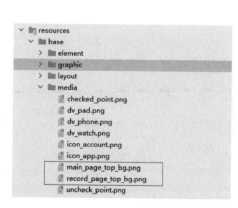

图 25-4　图片导入

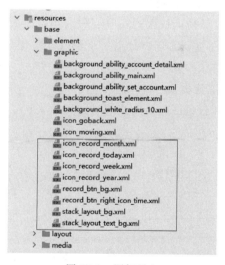

图 25-5　图标导入

2. 界面布局

Family Cashbook 的主界面布局为 ability_main.xml 文件,如图 25-6 所示。

主界面布局可分为年月、本月收入、本月支出、本月可用、多层布局、记账按钮、今天、本周、本月、本年和分割线等子布局。其中本月收入与本月支出、本月可用子布局视为一种类型的布局,今天与本周、本月、本年子布局可视为同一种类型布局。Family Cashbook 的界面布局如下。

（1）年月布局：topMonthText/topYearText，水平分布。

（2）本月收入、本月支出、本月可用布局：本月收入￥0000.00＞，横向分布，金额靠右。

（3）多层布局：大小尺寸的背景图重叠，显示多层次感。

（4）记账按钮布局：按钮背景图、时钟图标。

（5）今天、本周、本月、本年布局分为图标、最新账目的收支事项。

（6）分割线布局：使用高度为1vp、灰色的Text充当分割线。

界面布局相关代码请扫描二维码文件87获取。

文件87

文件88

3．完整代码

界面设计完整代码请扫描二维码文件88获取。

图25-6　主界面

25.3.2　主界面的程序开发

本部分包括获取多设备协同权限、工具类、界面布局的获取、界面数据的更新、单击事件的监听和完整代码，下面分别给出各模块的功能介绍及相关代码。

1．获取多设备协同权限

多设备协同权限的获取相关语句位于MainAbility.java文件的onStart函数中。

```
//主动申明,要多设备协同,让用户选择允许还是禁止
requestPermissionsFromUser(new String[]{"ohos.permission.DISTRIBUTED_DATASYNC"}, 0);
```

2．工具类

本部分包括数据库类和时间类的实现。

1）数据库类

数据库类位于utils/DBUtils.java，主要函数为初始化数据库，其语句包括字段定义、字段封装、初始化数据库。

（1）字段定义：主要定义字段的名称和数据类型。Family Cashbook所需的数据字段有ID、金额、收支事项、年、月、日、时间戳、备注和收入支出状态。以ID为例，定义字段语句如下。

```
FieldNode fdid = new FieldNode("id");     //ID名称
fdid.setNullable(false);                  //是否可以为空
fdid.setType(FieldValueType.LONG);        //数据类型
```

其他字段的名称和类型如表25-1所示。

表25-1　字段定义表

字段	金额	收支事项	年	月	日	时间戳	备注	收支状态
名称	Money	PaymentMatters	dateYear	dateMonth	dateDay	timestamp	remark	inOrExp
类型	double	string	integer	integer	integer	long	string	boolean

（2）字段封装：将字段封装到 Schema 对象中，主要语句如下。

```
Schema schema = new Schema();
ArrayList<String> indexList = new ArrayList<>();          //数组
indexList.add("$.id");                                    //schema 默认有一个 rootFieldNode,$ 是根节点
schema.setIndexes(indexList);                             //建立索引
schema.getRootFieldNode().appendChild(fdid);
schema.setSchemaMode(SchemaMode.STRICT);                  //严格模式
```

（3）初始化数据库。

```
KvManagerConfig kvManagerConfig = new KvManagerConfig(context);
KvManager kvManager = KvManagerFactory.getInstance().createKvManager(kvManagerConfig);
                                                          //将配置传入
Options options = new Options();
options.setCreateIfMissing(true)                          //数据库不存在是否需要主动创建
    .setEncrypt(false)                                    //数据库是否加密
    .setKvStoreType(KvStoreType.SINGLE_VERSION)           //数据库类型:单版本类型
    .setSchema(schema);                                   //哪些字段传入
SingleKvStore singleKvStore = kvManager.getKvStore(options, storeId);
                                                          //options:分布式数据库的参数
```

2）时间类

时间类位于 utils/DateUtils.java 文件,函数可分为转换类函数、获取日期类函数、获取时间戳函数和获取起始终止日期函数。

（1）转换类。

```
private static SimpleDateFormat dateFormat = new SimpleDateFormat("yyyy-MM-dd HH:mm:ss");
                                                          //设置日期格式
//将时间戳转换为时间字符,格式为"yyyy-MM-dd HH:mm:ss"
public static String getDate(long timestamp){
    String date = dateFormat.format(timestamp);
    return date;
}
//将时间字符,格式为"yyyy-MM-dd HH:mm:ss",转换为时间戳
public static long getTime(String date){
    ParsePosition pos = new ParsePosition(0);
    Date Date = dateFormat.parse(date,pos);               //根据格式字符转换为日期
    long timeStamp = Date.getTime();                      //获取日期对应的时间戳
    return timeStamp;
}
```

（2）获取日期类。

```
//获取当年,xxxx
public static int getCurrentYear() {
    Calendar calendar = Calendar.getInstance();           //实例化一个日历
    return calendar.get(Calendar.YEAR);                   //获取日历的年
}
//获取当月,xx
public static int getCurrentMonth() {
```

```
        Calendar calendar = Calendar.getInstance();        //实例化一个日历
        return calendar.get(Calendar.MONTH) + 1;           //获取日历的月份
    }
    //获取当日,xx
    public static int getcurrentDay() {
        Calendar calendar = Calendar.getInstance();        //实例化一个日历
        return calendar.get(Calendar.DAY_OF_MONTH);        //获取日历的该月份的日期
    }
```

（3）获取时间戳。

```
    //获得本周周一日期对应的时间戳
    public static long getMondayOfWeektoEpochMilli() {
        LocalDate now = LocalDate.now();                       //定位目前日期
        LocalDate monday = now.with(TemporalAdjusters.previous(DayOfWeek.SUNDAY)).plusDays(1);
    //定位目前星期的星期一
        return monday.atStartOfDay().toInstant(ZoneOffset.of("+8")).toEpochMilli();
    //毫秒级,东八区
    }
    //给定年月日时分秒,获取时间戳
    public static long getTimestamOfDate(int y, int m, int d, int h, int mim, int s){
        LocalDateTime dateTime = LocalDateTime.of(y, m, d, h, mim, s);
    //创建给定年月日时分秒的日期
        return dateTime.toInstant(ZoneOffset.of("+8")).toEpochMilli();
    //毫秒级,东八区
    }
```

（4）获取起始终止日期。

```
    //获取目前星期的起始日期
    public static String getCurrentWeekStartToEnd() {
        LocalDate now = LocalDate.now();                       //定位目前日期
        LocalDate monday = now.with(TemporalAdjusters.previous(DayOfWeek.SUNDAY)).plusDays(1);
                                                               //定位目前星期的星期一
        LocalDate sunday = now.with(TemporalAdjusters.next(DayOfWeek.MONDAY)).minusDays(1);
                                                               //定位目前星期的星期日
        return monday.getMonthValue() + "月" + monday.getDayOfMonth() + "日-" + sunday.
getMonthValue() + "月" + sunday.getDayOfMonth() + "日";  //星期一的月日-星期天的月日
    }
    //获取目前月起始日期
    public static String getCurrentMonthStartToEnd() {
        LocalDate now = LocalDate.now();                       //定位目前日期
        LocalDate firstday = LocalDate.of(now.getYear(), now.getMonth(), 1);
    //定位目前日期的年,目前日期的月,1号
        LocalDate lastDay = now.with(TemporalAdjusters.lastDayOfMonth());
    //定位目前月份的最后一天
        return firstday.getMonthValue() + "月" + firstday.getDayOfMonth() + "日-" + lastDay.
getMonthValue() + "月" + lastDay.getDayOfMonth() + "日";
    //第一天的月日-最后一天的月日
    }
```

3. 界面布局的获取

在 MainAbilitySlice.java 文件的 onStart 函数中，获取布局显示界面和组件，方便给界面数据赋值和更新。

（1）界面布局获取。

```
super.setUIContent(ResourceTable.Layout_ability_main);      //调用主界面
```

（2）组件的获取。

```
recordOneBtn = (Button)findComponentById(ResourceTable.Id_recode_one_btn);
//获取界面布局的记一笔按钮
dayDetail = (Text)findComponentById(ResourceTable.Id_today_detail);
//获取布局的今日详情按钮
```

4. 界面数据的更新

在 MainAbilitySlice.java 文件的 onStart 和 flushUIData 函数中，主要是通过查询数据库的信息，获得符合条件的账目信息，经过计算赋给相关的界面数据。

（1）数据库初始化与监听。

```
//获取数据库
singleKvStore = DBUtils.initOrGetDB(this, "RecordAccouontsDB");
                            //若已存在 RecordAccouontsDB 数据库,直接获取数据,不用初始化
singleKvStore.subscribe(SubscribeType.SUBSCRIBE_TYPE_ALL, new KvStoreObserver() {
                            //数据库的监听器,监听数据变化,监听组网内设备的数据修改
    @Override
    public void onChange(ChangeNotification changeNotification) {
        //刷新界面上的数据,onChange 方法在一个子线程中执行
        getUITaskDispatcher().asyncDispatch(new Runnable() {   //先获取界面的主线程,刷新界面
            @Override
            public void run() {
                //执行界面组件的显示刷新
                flushUIData();
            }
        });
    }
});
```

（2）flushUIDate 函数。

通过时间类函数刷新界面的时间数据，通过数据库查询获得总额刷新界面的账目信息数据。

```
private void flushUIData() {
    try {
        //刷新显示的日期
topMonthText.setText(DateUtils.getCurrentMonth() + "");
                        //利用日期工具获取当前月份,并将界面月份设为当前月份
topYearText.setText("/" + DateUtils.getCurrentYear());
                        //利用日期工具获取当前年份,并将界面年份设为当前年份
weekFirstToLastDay.setText(DateUtils.getCurrentWeekStartToEnd());
                        //将本周底部文本设为当前周起始和末尾,例如"1 月 1 日 - 1 月 7 日"
```

```
monthFirstToLastDay.setText(DateUtils.getCurrentMonthStartToEnd());
//将本月底部文本设为当前月起始和末尾,例如"1月1日-1月31日"
yearFirstToLastDay.setText("1月1日-12月31日");    //将本月底部文本设为年份的起始和末尾
    //本月收入
Query query = Query.select();
query.equalTo("$.dateYear", DateUtils.getCurrentYear())
            .and().equalTo("$.dateMonth", DateUtils.getCurrentMonth())
            .and().greaterThanOrEqualTo("$.dateDay", 1)
            .and().equalTo("$.inOrExp", false);      //找出相同年份,相同月份,日期大于
                                                     //等于1的收入数据
List<Entry> entries = singleKvStore.getEntries(query);   //获取符合条件的账目列表
ZSONObject zsonObject = null;
currentMonthIncomes = 0;
for (Entry entry : entries) {                        //将规定条件的数据从头到尾循环
zsonObject = ZSONObject.stringToZSON(entry.getValue().getString());
//解析Json字符串
currentMonthIncomes += zsonObject.getDouble("money");   //累计每项的金额数
 }
currentMonthIncomesText.setText("¥" + currentMonthIncomes + ">");
//将本月收入累计金额显示"¥1000.00>"
monthIncomes.setText(currentMonthIncomes + "");      //本月收入设置为累计金额,"1000.00"
    }catch (Exception e){
        e.printStackTrace();                         //打印异常信息
    }
}
```

其他界面账目信息与本月收入计算类似,相关代码如下。

本月支出:

```
query.equalTo("$.dateYear", DateUtils.getCurrentYear())
        .and().equalTo("$.dateMonth", DateUtils.getCurrentMonth())
        .and().greaterThanOrEqualTo("$.dateDay", 1)
        .and().equalTo("$.inOrExp", true);           //找出目前相同年份,相同月份,日期
                                                     //大于或等于1的支出数据
```

本月可用:

```
currentMonthBalance = currentMonthIncomes - currentMonthExpenses;
                                                     //本月可用为目前收入累积金额-目前
                                                     //支出累计金额,今日最新一笔的收支事项
query.equalTo("$.dateYear", DateUtils.getCurrentYear())
        .and().equalTo("$.dateMonth", DateUtils.getCurrentMonth())
        .and().equalTo("$.dateDay", DateUtils.getcurrentDay()).orderByDesc("$.id");
                                                     //与目前年月日相同的数据
zsonObject = ZSONObject.stringToZSON(entries.get(0).getValue().getString());
                                                     //获取数据的第一条及当天最新的一条
```

今日支出:

```
query.equalTo("$.dateYear", DateUtils.getCurrentYear())
        .and().equalTo("$.dateMonth", DateUtils.getCurrentMonth())
        .and().equalTo("$.dateDay", DateUtils.getcurrentDay())
        .and().equalTo("$.inOrExp", true);           //获取目前年月日相同的支出数据
```

今日收入：

```
query.equalTo("$.dateYear", DateUtils.getCurrentYear())
        .and().equalTo("$.dateMonth", DateUtils.getCurrentMonth())
        .and().equalTo("$.dateDay", DateUtils.getcurrentDay())
        .and().equalTo("$.inOrExp", false);        //获取目前年月日相同的收入数据
```

本周收入：

```
query.equalTo("$.inOrExp", false).and()
        .greaterThanOrEqualTo("$.timestamp", DateUtils.getMondayOfWeektoEpochMilli());
                                        //获取本周的收入数据
```

本周支出：

```
query.equalTo("$.inOrExp", true).and()
        .greaterThanOrEqualTo("$.timestamp", DateUtils.getMondayOfWeektoEpochMilli());
                                        //获取本周的支出数据
```

本年收入：

```
query.equalTo("$.inOrExp", false)
        .and().equalTo("$.dateYear", DateUtils.getCurrentYear());
//获取本年的收入数据
```

本年支出：

```
query.equalTo("$.inOrExp", true)
        .and().equalTo("$.dateYear", DateUtils.getCurrentYear());
//获取本年的支出数据
```

5. 单击事件的监听

在 MainAbilitySlice.java 文件中，onstart 函数实现设置监听器和记账按钮，监听函数实现详情按钮。记账按钮和详情按钮单击函数都是跳转函数，其中记账单击函数为无参无返回的跳转，详情按钮为有参有返回的跳转，参数为单击按钮的组件 ID。

（1）记账单击函数。

```
recordOneBtn.setClickedListener(c ->{              //记一笔按钮的单击事件
    //跳转到记账界面
    Intent setAccountIntent = new Intent();
    setAccountIntent.setElement(new ElementName("","com.example.familycashbook","SetAccount"));
    startAbility(setAccountIntent);                //开始 setaccount 界面
});
```

（2）详情单击函数。

```
dayDetail.setClickedListener(clickedListener);        //设置单击事件
weekDetail.setClickedListener(clickedListener);       //设置单击事件
monthDetail.setClickedListener(clickedListener);      //设置单击事件
yearDetail.setClickedListener(clickedListener);       //设置单击事件
private Component.ClickedListener clickedListener = new Component.ClickedListener() {
    @Override
    public void onClick(Component component) {
```

```
        int componentId = component.getId();             //获取单击组件 ID
        Intent accountDetail = new Intent();              //创建传递函数
        accountDetail.setParam("ButtonName",componentId); //设置需要传递的参数,即单击的组件 ID
        accountDetail.setElement(new ElementName("","com.example.familycashbook","AccountDetail"));
                                                          //有参无返回的跳转
        startAbility(accountDetail);                      //跳转至详情界面
    }
};
```

6. 完整代码

文件 89

程序开发完整代码请扫描二维码文件 89 获取。

25.3.3　记账界面

本部分包括图片导入、界面布局和完整代码。

1. 图片导入

首先,将选好的主界面背景图片(.png 格式)导入 resources/base/media 中;然后,将主界面出现的图标以矢量方式写入 XML 文件中,导入 resources/base/graphic 文件夹下,被引用的相关图片和元素如图 25-7 和图 25-8 所示。

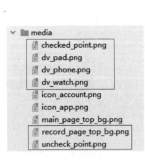

图 25-7　图片导入

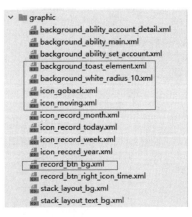

图 25-8　图标导入

2. 界面布局

Family Cashbook 的记账界面布局为 ability_set_account.xml 文件,如图 25-9 所示。

由图 25-9 可知,记账界面布局大致可分为标题、文字(金额、收支事项、日期、时间)、填写(数额布局、支出/收入的事项、备注)、单击选择(日期、时间)选择器、分割线和保存按钮布局,且布局整体上是竖直排列的。Family Cashbook 记账界面布局如下。

(1) 标题布局。

(2) 文字布局:更换 text 内容,实现代码重复使用。

(3) 填写布局:更改 hint 内容,实现代码重复使用。

(4) 单击选择布局:更改 hint 内容,实现代码重复使用。

图 25-9　主界面

（5）选择器布局。

（6）分割线布局：使用高度为 1vp、灰色的 Text 充当分割线。

相关代码请扫描二维码文件 90 获取。

文件 90

3．完整代码

界面设计完整代码请扫描二维码文件 91 获取。

文件 91

25.3.4　记账界面的程序开发

本部分包括界面布局的获取、填写数据、保存数据、选择流转设备、流转设备功能和完整代码。

1．界面布局的获取

在 SetAccountSlice.java 文件的 onStart 函数中，获取布局显示界面，获取布局组件方便给界面数据赋值和更新。根据记账界面的设计可知，组件有布局类、文本类、按钮类、文本输入类和单选容器类，获取方式如下。

```
super.setUIContent(ResourceTable.Layout_ability_set_account);    //调用记账界面
dateText = (Text) findComponentById(ResourceTable.Id_date_text);
                                                    //拿到记账界面中的 date_text
saveRecordBtn = (Button) findComponentById(ResourceTable.Id_save_record_btn);
                                                    //获取记账界面的"保存"按钮
moneyTextfield = (TextField) findComponentById(ResourceTable.Id_money_textfield);
                                                    //获取界面的金额文本输入框
inOrexRadiocontainer = (RadioContainer) findComponentById(ResourceTable.Id_in_ex_radiocontainer);
                                                    //获取界面的收支选择器
```

2．填写数据

（1）数额、支出/收入事项、备注。以上都属于文本输入类，以支出/收入事项为例，输入方式为直接输入，获取语句如下。

```
String paymentMatters = paymentMattersTextfield.getText();    //获取收支事项
```

（2）日期。单击日期按钮会弹出日期选择框，选取 2022 年 5 月 2 日 00:12:15，再单击确认按钮，将会填写日期数据。

（3）时间。单击时间按钮会弹出时间选择弹框，选取 2022 年 5 月 2 日 00:12:15，再单击确认按钮，将会填写日期数据。

文件 92

（4）支出/收入状态。监听单选容器的状态变化，获取选中的支出/收入状态，相关代码请扫描二维码文件 92 获取。

3．保存数据

（1）放弃保存。若是单击回退按钮，可以放弃此次编辑，若是取消放弃，仍可继续编辑。

（2）实现保存数据步骤如下。单击"保存"按钮后，以 Json 格式将所需数据添加到数据库中，若数额、支出/收入事项、日期和时间有未填写项目，则提醒插入失败，请将金额、收支事项、日期时间填写完整。

文件 93

（3）提示框位于 utils/ToastTips.java 文件中，通过设置界面和提示信息定义提示框。相关代码请扫描二维码文件 93 获取。

4．选择流转设备

本软件可用两种方法实现流转设备的选择，一种是定义设备工具类，实现选择在网设备的第一个流转设备；另一种是通过弹框查询在网设备并以列表形式呈现，可通过单击选中设备获取 ID，再单击确认进行流转，若单击取消则放弃流转。相关代码请扫描二维码文件 94 获取。

文件 94

5．流转设备功能

slice/SetAccountSlice.java 文件中包含开始、结束流转函数和保存、恢复数据函数，起主要作用的是保存数据函数和恢复数据函数，以实现设备间信息的流转。需要注意的是，所有流转设备函数的返回值都应设为 true，相关代码请扫描二维码文件 95 获取。

文件 95

文件 96

6．完整代码

程序实现的完整代码请扫描二维码文件 96 获取。

25.3.5　详情界面设计

本部分包括图片导入、界面布局和完整代码。

1．图片导入

首先，将选好的主界面背景图片（.png 格式）导入 resources/base/media 中；然后，将主界面出现的图标以矢量方式写入 XML 文件中，导入 resources/base/graphic 文件夹下，被引用的相关图片和元素如图 25-10 和图 25-11 所示。

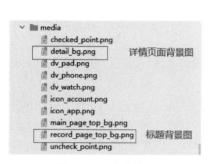

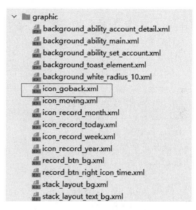

图 25-10　图片导入　　　　　　　　　　图 25-11　图标导入

2．界面布局

界面布局为 ability_account_detail.xml 文件，如图 25-12 所示。

详情界面布局可分为标题布局、item 布局和列表容器布局，其中 item 布局应单独编写，位于 item_account.xml 文件中。当删除项目成功时，会弹出提示框，Family Cashbook 的界面布局请扫描二维码文件 97 获取。

3．完整代码

界面设计完整代码请扫描二维码文件 98 获取。

25.3.6　详情界面的程序开发

本部分包括界面布局的获取、item 和适配器的定义、更新界面数据、单击事件和完整代码。

1．界面布局的获取

在 AccountDetailSlice.java 文件的 onStart 函数中，获取布局显示界面和布局组件，方便给界面数据赋值和更新。根据记账界面设计可知，组件有布局类、文本类、按钮类、列表容器类，获取方式如下：

图 25-12　主界面

文件 97

文件 98

```
super.setUIContent(ResourceTable.Layout_ability_account_detail);
                        //引用详情界面的布局——ability_account_detail.xml
title = (Text) findComponentById(ResourceTable.Id_title);   //获取详情界面布局的标题文本
goBackBtn = (Button) findComponentById(ResourceTable.Id_goback_btn);
                                          //获取详情界面的返回按钮
listContainer = (ListContainer) findComponentById(ResourceTable.Id_list_container);
                                          //获取布局的列表容器
```

2. item 和适配器的定义

由详情界面设计可知,账目由列表容器展示,item 和适配器编写步骤如下。

(1) item。包含图片、收支事项、备注、金额和时间,其构造、获取和设置函数编写代码如下。

```
public AccountItem(int image, String paymentMatter, String remark, String money, String time) {
                                          //item 构造函数
    this.paymentMatter = paymentMatter;
    this.remark = remark;
    this.money = money;
    this.time = time;
    this.image = image;
}
public String getPaymentMatter() { return paymentMatter;}       //获取 item 的收支事项
public void setPaymentMatter(String paymentMatter) { this.paymentMatter = paymentMatter; }
                                          //设置 item 的收支事项
```

(2) 适配器。

构造函数: 以 item 列表和界面对象构造适配器。

```
public AccountItemProvider(ArrayList < AccountItem > list, AbilitySlice as) {
                                          //适配器的构造函数
    this.list = list;
    this.as = as;
}
```

获取列表长度,获取索引 item,根据索引获取 item 的 ID。

```
public int getCount() { return list.size();}                    //获取列表总个数
public Object getItem(int i) {                                  //根据索引获取对应 item
    if(list != null && i >= 0 && i < list.size()){
        return list.get(i);
    }
    return null;
}
public long getItemId(int i) { return i;}                        //获取第 i 项 item 的 ID,即 i
```

设置 item 的布局: 主要是将 item 的信息赋值给 item 布局对应的组件,此外,为了节约内存,可将要销毁的布局对象赋给新 item,避免多次初始化布局对象。

```
//i:item 的索引,component:要销毁 item 的布局对象
public Component getComponent(int i, Component component, ComponentContainer componentContainer) {
    Component itemView;
```

```
if(component != null){          //如果要销毁的布局对象不为空,则不是初始化第一个项目
    itemView = component;       //将要销毁的布局对象赋给当前初始化的项目
}
else{                           //第1个item的初始化
    itemView = LayoutScatter.getInstance(as)
        .parse(ResourceTable.Layout_item_account,null,false);    //获取item的布局对象
}
AccountItem accountItem = list.get(i);                       //获取第i个item
Image image = (Image) itemView.findComponentById(ResourceTable.Id_img);
                                                            //获取布局的图像
image.setImageAndDecodeBounds(accountItem.getImage()); //将item的图像赋给布局
Text paymentMatter = (Text) itemView.findComponentById(ResourceTable.Id_paymentMatter);
                                                            //获取布局item的收支事项text
paymentMatter.setText(accountItem.getPaymentMatter()); //将item的收支事项赋给布局
Text remark = (Text) itemView.findComponentById(ResourceTable.Id_remark);
                                                            //获取布局item的备注text
remark.setText(accountItem.getRemark());                    //将item的备注赋给布局
Text money = (Text) itemView.findComponentById(ResourceTable.Id_money);
                                                            //获取布局item的金额text
money.setText(accountItem.getMoney());                      //将item的金额赋给布局
Text time = (Text) itemView.findComponentById(ResourceTable.Id_time);
                                                            //获取布局item的时间text
time.setText(accountItem.getTime());                        //将item的时间赋给布局
return itemView;
    }
}
```

3. 更新界面数据

主要流程:通过主界面详情按钮单击事件获取的参数情况分析,从数据库获取符合条件的账目,根据信息构建item列表,用list初始化适配器并将其交给列表容器。由主界面可知参数有四种情况,分别是今日详情、本周详情、本月详情和本年详情,今日详情代码如下。

(1) 获取跳转的参数。

```
ButtonName = intent.getIntParam("ButtonName",0);
//获取跳转界面参数"ButtonName"字段的内容
```

(2) 获取账目信息更新list。

```
singleKvStore = DBUtils.initOrGetDB(this, "RecordAccouontsDB");
//获取制定数据库
ArrayList<AccountItem> list = new ArrayList<>(); //创建账目列表
switch (ButtonName) {                           //根据主界面单击的具体详情按钮选择函数
    case ResourceTable.Id_today_detail: {       //若单击的是今日详情
        Query query = Query.select();           //置入选择算子
    query.equalTo("$.dateYear", DateUtils.getCurrentYear())
        .and().equalTo("$.dateMonth", DateUtils.getCurrentMonth())
        .and().equalTo("$.dateDay", DateUtils.getcurrentDay());
            //与目前年月日相同的数据
    List<Entry> entries = singleKvStore.getEntries(query);
            //获取符合条件的账目列表
```

```
        ZSONObject zsonObject = null;
        for (Entry entry : entries) {                     //遍历每个账目
zsonObject = ZSONObject.stringToZSON(entry.getValue().getString());
        //解析Json字符串
        String money;                                     //对收入和支出的金额进行正负符号标识
if(zsonObject.getBoolean("inOrExp") == false)         //若是收入账目
money = "+" + zsonObject.getDouble("money");          //item账目设置为"+10.0"样式
else
money = "-" + zsonObject.getDouble("money");
        //若是支出账目,item账目设置为"-10.0"样式
list.add(new AccountItem(ResourceTable.Media_icon_account, zsonObject.getString("paymentMatters"),
zsonObject.getString("remark"),money, DateUtils.getDate(zsonObject.getLong("timestamp"))));
        //账目列表添加item,其中收支事项、备注、金额、时间由数据库读取
    }
        title.setText("本日账目详情");                      //将界面标题设为本日账目详情
  }
```

其他详情跳转的代码差异主要体现在算子和标题。

本周详情：

```
query.greaterThanOrEqualTo("$.timestamp", DateUtils.getMondayOfWeektoEpochMilli());
                                                  //大于或等于本周的起始日期
title.setText("本周账目详情");                       //将界面标题设为本周账目详情
```

本月详情：

```
query.equalTo("$.dateYear", DateUtils.getCurrentYear())
       .and().equalTo("$.dateMonth", DateUtils.getCurrentMonth())
       .and().greaterThanOrEqualTo("$.dateDay", 1);  //年月相同的账目
title.setText("本月账目详情");                          //将界面标题设为本月账目详情
```

本年详情：

```
query.equalTo("$.dateYear", DateUtils.getCurrentYear());  //年相同的账目
title.setText("本年账目详情");                              //将界面标题设为本年账目详情
```

（3）初始化列表容器。

```
//根据获取的账目列表初始化适配器
AccountItemProvider AccountItemProvider = new AccountItemProvider(list,this);
//把适配器交给列表容器组件
listContainer.setItemProvider(AccountItemProvider);
```

4. 单击事件

主要包含回退单击、item单击和item长按单击，其中，单击item会提示项目的收支事项，长按item会弹框提示是否删除item，若确认会在数据库和界面都删除，相关代码如下。

（1）回退单击。

```
goBackBtn.setClickedListener(c->{terminate();              //单击返回按钮,关闭界面});
```

（2）item单击。

```
listContainer.setItemClickedListener((ListContainer parent, Component component, int position,
```

```
long id) ->{                                   //item 单击函数
    AccountItem accountItem = (AccountItem) listContainer.getItemProvider().getItem(position);
                                               //获取单击位置的账目项目
    ToastTips.tip(getContext(), accountItem.getPaymentMatter());  //提示单击账目的收支事项
});
```

（3）item 长按单击。

```
listContainer.setItemLongClickedListener((ListContainer parent, Component component, int position,
long id) -> {                                  //item 长按单击函数
    AccountItem accountItem = (AccountItem) listContainer.getItemProvider().getItem(position);
                                               //获取单击位置的账目项目
    CommonDialog commonDialog = new CommonDialog(getContext());
//在指定界面中创建一个弹框
    Component rootView = LayoutScatter.getInstance(getContext())
        .parse(ResourceTable.Layout_dialog_confirm, null, false);
//加载 XML 并获得一个布局对象
    Text confirm_tip = (Text) rootView.findComponentById(ResourceTable.Id_confirm_tip);
//获取布局的提示文本
    Button confirm = (Button) rootView.findComponentById(ResourceTable.Id_confirm);
                                               //获取弹窗布局确定按钮
    Button cancel = (Button) rootView.findComponentById(ResourceTable.Id_cancel);
                                               //获取弹窗布局的取消按钮
    confirm_tip.setText("是否删除" + accountItem.getMoney() + " - " + accountItem.getPaymentMatter() +
"项账目");                                      //提示是否删除(金额 - 收支事项)项账目
    confirm_tip.setTextSize(20, Text.TextSizeType.FP);  //设置文本大小:20fp
    confirm.setClickedListener(c ->{            //确定按钮单击事件
        Query query = Query.select();          //置入选择算子
        long times = DateUtils.getTime(accountItem.getTime());
        //将"yyyy - MM - dd HH:mm:ss"转成时间戳
        query.equalTo("$.timestamp", DateUtils.getTime(accountItem.getTime()));
        //挑选与时间戳相同的账目,一般来说,时间戳是唯一的
        String key = singleKvStore.getEntries(query).get(0).getKey();
                                               //获取挑选账目的 key
        singleKvStore.delete(key);             //根据 key 删除账目
        ToastTips.tip(getContext(),"删除成功");  //提示删除成功
        commonDialog.remove();                 //移除弹框
    });
    cancel.setClickedListener(c ->{
        commonDialog.remove();                 //移除弹框
    });
    commonDialog.setSize(MATCH_PARENT, MATCH_CONTENT);  //设置弹框大小,宽度为屏幕长度,
                                               //高度适应内容长度
    commonDialog.setAlignment(LayoutAlignment.CENTER);  //对话框的对齐模式为中心对齐
    commonDialog.setTransparent(true);         //为对话框启用透明背景
    commonDialog.setCornerRadius(15);          //将弹框设置为圆角,显得圆润
    commonDialog.setContentCustomComponent(rootView);
//将布局对象交给弹框,实现布局和弹框直接的联系
    commonDialog.setAutoClosable(true);        //按空白区域自动销毁弹框
    commonDialog.show();                       //展示弹框
    return false;
});
```

通过监听数据库的数据变化，更新界面数据，从而实现实时更新界面数据变化。

```
singleKvStore.subscribe(SubscribeType.SUBSCRIBE_TYPE_ALL, new KvStoreObserver() {
                                //监听数据库的数据变化,监听组网内设备的数据修改
    @Override
    public void onChange(ChangeNotification changeNotification) {
        //刷新界面上的数据,onChange方法在一个子线程中执行
        getUITaskDispatcher().asyncDispatch(new Runnable() {
         //先获取界面的主线程,刷新界面
            @Override
            public void run() {
                //执行界面组件的显示刷新
                flushUIData(ButtonName);          //刷新界面数据,ButtonName作为参数
            }
        });
    }
});
```

文件99

5. 完整代码

程序开发完整代码请扫描二维码文件 99 获取。

25.4　成果展示

打开 App,程序要申请设备协同技术权限,实现在网设备的数据同步和设备流转,权限申请界面如图 25-13 所示。

图 25-13　权限申请界面

　　程序初始时默认数据库的数据为 0,所以账目相关信息数据为设置的默认值,界面的时间数据根据工具函数实时更新,如图 25-14 所示。

图 25-14　软件初始界面

　　单击"记一笔"按钮,跳转至记账界面,如图 25-15 所示。

图 25-15　记账界面

单击"金额"输入框,输入账目金额,如图25-16所示。

图 25-16　输入金额界面

单击回退按钮时,弹出确认弹框,提示是否放弃此次编辑,如果单击取消按钮,则取消弹框;如果单击确认按钮,则放弃此次编辑,结束记账界面回到主界面,如图25-17所示。

图 25-17　回退确认界面

单击"保存"按钮,如果金额、收支事项、日期和时间有一处未填,则弹出提示框,提示"插入失败,请将金额、收支事项、日期时间填写完整",如图 25-18 所示。

图 25-18 信息插入失败界面

单击设备流转按钮,如果未同意设备协同权限申请或者组网内无设备,则弹出提示框:"无在网设备",如图 25-19 所示;如果同意协同权限申请或组网内有其他设备,则弹出设备选择弹框,如图 25-20 所示。

图 25-19 无网插入失败界面

图 25-20　设备选择弹框界面

单击设备选择弹框的某一设备,该设备为被选中,其他设备为未选中状态。选中设备后,单击确认按钮则流转设备,流转成功如图 25-21 所示。

图 25-21　流转设备成功界面

填写账目的收支事项,如图 25-22 所示。

图 25-22　填写收支事项界面

单击选择账目日期,如图 25-23 所示。

图 25-23　账目日期界面

单击选择账目时间,如图 25-24 所示。

图 25-24　账目时间界面

选择支出或者收入状态,再填写备注信息,单击保存按钮后,向数据库插入账目信息,插入成功后,结束记账界面,跳转到主界面,更新信息,如图 25-25 所示。

图 25-25　插入成功界面

重复上述记账操作,可插入账目,如图 25-26 所示。

图 25-26 插入数据后界面

单击今天、本周、本月和本年详情按钮,可跳转详情界面,以单击的详情按钮为条件查询账目,然后展示账目,如图 25-27 所示。

图 25-27 账目详情界面

单击详情界面的回退按钮,可直接回退至主界面。单击账目,可弹框提示单击账目的收支信息,如图25-28所示。

图 25-28　单击账目界面

长按账目,可弹出提示框,提示是否删除收支事项-金额项账目,选择是否删除账目,如图 25-29 所示。

图 25-29　删除项目界面

单击删除确认弹框的取消按钮,弹框消失;单击删除确认弹框的"确认"按钮,在数据库中删除长按项目的账目。详情界面和主界面的数据会因数据库的变动而更新,如图 25-30 所示。

图 25-30　删除账目成功界面

项目 26

日 常 记 账

本项目通过鸿蒙系统开发工具 DevEco Studio，基于 Java 开发一款日常记账 App，实现账单的录入、统计与查询。

26.1　总体设计

本部分包括系统架构和系统流程。

26.1.1　系统架构

系统架构如图 26-1 所示。

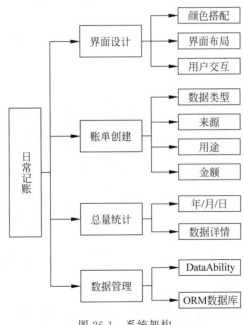

图 26-1　系统架构

26.1.2　系统流程

系统流程如图 26-2 所示。

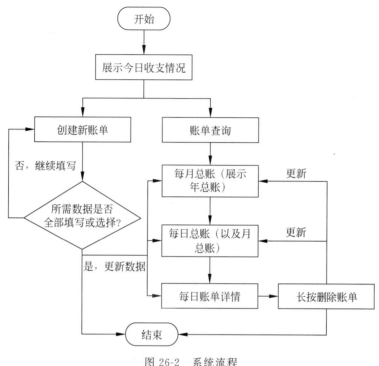

图 26-2　系统流程

26.2　开发工具

本项目使用 DevEco Studio 开发工具,安装过程如下。

(1) 注册开发者账号,下载 DevEco Studio 开发工具并进行安装。

(2) 配置好 SDK 及模拟器所需工具包。

(3) 新建 MyApplication 项目,设备类型选择 Phone,语言类型选择 Java,Project type 类型选择 Application。

(4) 在 entry/src/main/java/com. example. myapplication 下创建新的 Ability 及 DataAbility, 在 entry/src/main/java/com. example. myapplication/slice 下创建 Ability 的切片界面 slice, 在 entry/src/main/resources 目录 base/media 中存放所需要的 icon,在 base/layout 中存放 界面加载的 XML 文件,在 base/graphic 存放组件美化文件,在 entry/src/main/config. json 中进行界面配置、权限说明与申请。文件目录结构如图 26-3 所示。

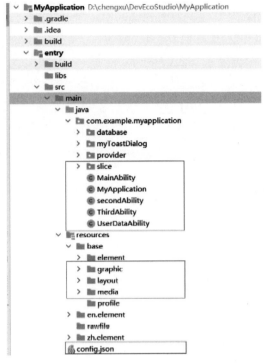

图 26-3　文件目录结构

26.3　开发实现

本部分包括界面设计和程序开发,下面分别给出各模块的功能介绍及相关代码。

26.3.1　界面设计

界面设计开发包括主页展示、创建账单及账单查询。

1. 主页展示

主页界面如图 26-4 所示。

界面布局步骤如下。

(1) 使用 Text 组件创建标题"今日收支情况"。

(2) 使用 Clock 组件展示当前日期的年、月、日。

(3) 创建横向 DirectionalLayout 布局,展示今日总收支情况。

(4) 使用 Text 组件"更多明细",添加单击事件监听。

(5) 使用 Image 组件,单击可跳转至账单条件界面。

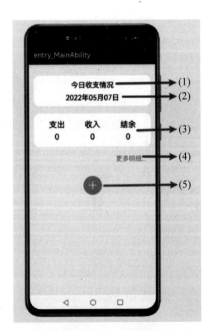

图 26-4　主页界面

主页展示完整代码请扫描二维码文件 100 获取。

文件 100

2．创建账单

账单界面效果如图 26-5 所示。

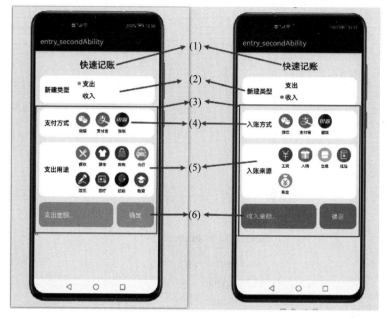

图 26-5　账单界面效果

创建账单界面布局如下。

（1）使用 Text 组件创建标题。

（2）使用 Text 及 RadioContainer 组件构造账单的输入/输出单选类型。

（3）使用 StackLayout 布局分别设计出收入与支出的界面，并通过 Visibility 参数控制其可见性，收入与支出界面类似。

（4）使用 RadioContainer 组件，Radio 背景设置为支付方式的 icon，实现支付方式微信、支付宝、银联的三选一，并在下方定义新的 DirectionalLayout，使用 Text 组件批注图标。

（5）使用 RadioContainer 及 Radio 组件构建两排图标用于选择支出用途。

（6）使用 TextField 及 Button 组件实现获取用户输入金额并提交功能。

账单创建完整代码请扫描二维码文件 101 获取。

3．账单查询

账单查询界面如图 26-6 所示。

月总量查询列表、日总量查询列表与日详情查询列表类似，以日详情查询列表为例，步骤如下。

文件 101

（1）采用 Text 组件创建界面标题"××××年××月××日账单"。

（2）使用 ListContainer 组件列出获取到的多条数据。

（3）创建 item 的 XML 文件，对每个数据的界面格式进行设计。

图 26-6 账单查询界面

文件 102

item_daydetail 布局代码请扫描二维码文件 102 获取。

账单查询完整代码如下。

```xml
<?xml version = "1.0" encoding = "utf - 8"?>
< DirectionalLayout
    xmlns:ohos = "http://schemas.huawei.com/res/ohos"
    ohos:height = "match_parent"
    ohos:width = "match_parent"
    ohos:background_element = "#F5F5F5"
    ohos:orientation = "vertical">
    < Text
        ohos:id = "$ + id:DayDetail"
        ohos:height = "match_content"
        ohos:width = "330vp"
        ohos:background_element = "$ graphic:background_ability_main"
        ohos:layout_alignment = "horizontal_center"
        ohos:padding = "15vp"
        ohos:text = ""
        ohos:text_alignment = "center"
        ohos:text_size = "25fp"
        ohos:top_margin = "30vp"
        />
    < ListContainer
        ohos:id = "$ + id:dayDetailListContainer"
        ohos:layout_alignment = "center"
        ohos:height = "match_content"
        ohos:width = "match_content"
```

```
            />
</DirectionalLayout>
```

26.3.2　程序开发

本部分包含数据管理、创建账单、账单查询与删除。

1. 数据管理

本部分包括 ORM 数据库、账单创建、账单查询与删除。

（1）使用 ORM 数据库，首先创建 List、DayList、MonthList、YearList 四张表，分别存放添加的每条数据、每日收支总量、每月收支总量及年收支总量。创建名为 ListStore 的 ORM 数据库。相关代码请扫描二维码文件 103 获取。

文件 103

（2）创建 DataAbility（命名为 UserDataAbility）操作数据库、管理数据，重写 insert、query、delete 及 update 函数方法，实现对数据的增/改/查等操作。在 insert 函数中，对输入参数 value 中 value.getString("ValueType")值进行判断，然后分别插入对应的列表中，与 update 方法类似；同样，在查询 query 函数的重写中，通过对参数 String[] columns 的判断，使用 switch 查询数据库中不同列表的值，实现 delete 函数对 List 列表的删除。相关代码请扫描二维码文件 104 获取。

文件 104

2. 创建账单

本部分包括账单类型选择、账单途径选择、账单用途/来源选择和金额输入与数据提交。

1）账单类型选择

账单类型选择步骤如下。

（1）进入界面后，默认方式为显示部分支出界面，收入界面隐藏。

```
inPage.setVisibility(1);
list.setType("支出");
```

（2）当切换账单类型后，清空所选的支付方式、支出用途、支出金额等数据（入账方式、收入来源、收入金额）。

2）账单途径选择

定义 getWay 方法，获取用户所选择的支出途径/入账来源，并且采用 icon 图片加备注的方式，使用户操作更为清晰简便。

确定账单类型后，需要选择微信、支付宝、银联作为支付方式或入账方式。

3）账单用途/来源选择

设定支出用途为餐饮、服饰、购物、出行、娱乐、医疗、运动、教育。使用两个 RadioContainer 各包裹四个 icon，并且通过 Java 代码实现以上用途八选一。设定入账来源五种，分别为工资、人情、生意、红包、奖金，同样使用两个 RadioContainer，实现五选一。创建 OutTwoChooseOne 与 InTwoChooseOne 函数方法实现支出用途八选一以及收入来源五选一。

4）金额输入与数据提交

（1）创建 private DataAbilityHelper helper，helper＝DataAbilityHelper.creator(this)；

创建一个 DataAbilityHelper 对象,用于操作管理数据库。并定义 UserDataAbility 的 URL 路径: private String uriString＝"dataability:///com. example. myapplication. UserDataAbility"。定义 private static final HiLogLabel LABEL_LOG＝new HiLogLabel(HiLog. LOG_APP, 0x002F5,"OrmContextSlice")便于后续使用 HiLog 打印日志进行调试。

（2）使用 TextField 获取用户属于支出/收入的金额数目。

（3）创建 update 函数调用 UserDataAbility 更新 DayList、MonthList 和 YearList 列表数据。

（4）创建 MakeUpdateValues 方法为数据库更新生成所需要的 ValuesBucket 参数。

（5）创建 query 函数,用户查询数据库内存储的各列表信息。

（6）构建 insertAll 函数用于识别判断插入或更新数据。

（7）为 Button 组件绑定单击监听事件,当单击提交按钮后,通过 DataAbilityHelper 将用户所填所选数据进行相应的插入、查询或更新操作。操作成功后,使用 ToastDialog 弹窗进行提交成功的提示。

文件 105

相关代码请扫描二维码文件 105 获取。

3. 账单查询与删除

本部分包括账单查询流程、删除 List、数据渲染、总量查询、主界面。

1）账单查询流程

账单查询应用初始界面如图 26-7 所示。

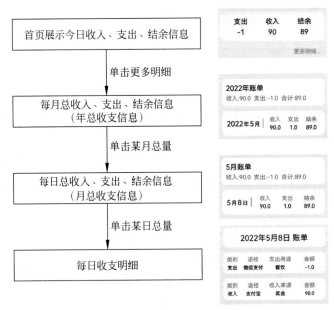

图 26-7　应用初始界面

2）删除 List

在日详情界面,长按 item 实现数据的删除,并将 item 从 ListContainer 列表中删除、刷新界面,更新 DayList、MonthList 和 YearList 数据。

刷新界面代码如下。

```
dl.setLongClickedListener(new Component.LongClickedListener() {
    @Override
    public void onLongClicked(Component component) {
        helper = DataAbilityHelper.creator(as);
        HiLog.info(LABEL_LOG, "长按了");
        list.remove(i);
        notifyDataChanged();
        HiLog.info(LABEL_LOG, "更新界面");
        try {
            HiLog.info(LABEL_LOG, "这儿");
            updateList(item);
            MyToastDialog.showToastDialog(as, "删除成功");
        } catch (DataAbilityRemoteException e) {
            e.printStackTrace();
        }
    }
});
```

3) 使用 ListContainer、item 和 ItemProvider 实现数据渲染

若查询到的数据数量多、数据结构整齐统一,选择使用 ListContainer 组件渲染数据。与月总量、日总量、日详情列表的数据查询渲染类似,以年内月总量列表查询为例。

（1）构建 itemview.xml 文件,对渲染的每个 item 样式进行设计编码。

（2）创建 item.class,存放所需的数据,建立三个构造方法,分别用于月总量、日总量、日详情的数据渲染。

（3）创建 ItemProvider,加载 itemview 布局文件,并将 item 中的数据写入布局中进行展示渲染。

相关代码请扫描二维码文件 106 获取。

文件 106

4) 总量查询

（1）构造 queryYear 方法查询年支出、年收入及年结余数据,并渲染到界面中。

（2）构造 queryMonth 方法查询已查年份中每个月的总收入、支出及结余,并将数据分发给 item,通过 ListContainer 渲染到界面中。

（3）创建 getData 方法生成 item()数组。

（4）生成 List<item>数组,并实例化 ItemProvider,对 ListContainer 的内容进行渲染。对 ListContainer 添加单击监听事件,将单击的年份、月份传入下个界面,对所单击月份中的每日总量进行展示。

相关代码请扫描二维码文件 107 获取。

文件 107

5) 主界面

（1）创建 DataAbilityHelper 对象操作 ORM 数据库。构建 query 方法,用于查询 DayList

列表,并渲染在界面上。

（2）为 Text 组件更多明细及 Image 组件添加数据绑定单击监听事件。分别实现查询详细列表及添加数据界面的跳转。

相关代码请扫描二维码文件 108 获取。

文件 108

26.4 成果展示

进入日常记账 App 首页,如图 26-8 所示。

首页将展示当前日期信息,并且将当日收支总额信息清晰明了地进行显示。右下方有一个更多明细的指示,单击后可进入年、月、日的详细收支信息查询。下方是一个"＋",单击后可跳转至新账单的创建界面。

在账单创建页中,首先,选择新建账单类型（支出与收入二选一）；然后,选择支付方式（微信、支付宝、银联三选一）,选择支出用途（八选一）；最后,填写对应的金额,单击"确定"按钮即可提交。选择入账时与支出情况类似,如图 26-9 所示。

图 26-8　应用初始界面

图 26-9　收入运行界面

月总量查询界面会展示数据库中所写入年总量的收支情况,并将该年中所有月份的总收支情况进行展示。单击某一月项目总量后,将跳转到该月每日总量详情页中,如图 26-10 所示。

每日总量查询界面会展示每月总量单击月份的月总收支情况,并将该月中每日的总收支情况进行展示,如图 26-11 所示。

日收支明细中包括收支类型、收支途径、收支来源、收支金额等基本信息。单击每日收支总量查询项目后,进入该日的收支明细,如图 26-12 所示。

图 26-10　每月总量查询界面

图 26-11　每日总量查询界面

图 26-12　日收支明细界面

项目 27

计 算 能 力

本项目通过鸿蒙系统开发工具 DevEco Studio,基于 Java 语言和 XML 布局,开发一款计算能力训练辅导助手 App,实现协同演算功能。

27.1 总体设计

本部分包括系统架构和系统流程。

27.1.1 系统架构

系统架构包括加减法计算训练(实现系统功能)与界面设计。加减法计算训练模块包括三个功能:随机出题、判断正误和实时辅导,其中核心部分是实时辅导功能,涉及远程设备连接和笔迹协同绘制。界面设计模块包括界面布局和组件设计,通过在 XML 文件中声明布局并在 Java 代码中加载实现。

系统架构如图 27-1 所示。

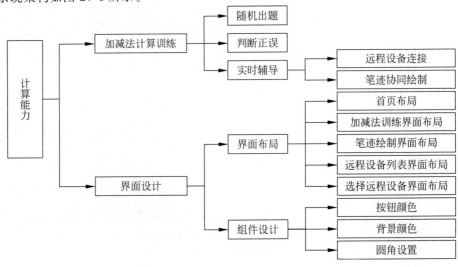

图 27-1　系统架构

27.1.2　系统流程

系统流程如图 27-2 所示。

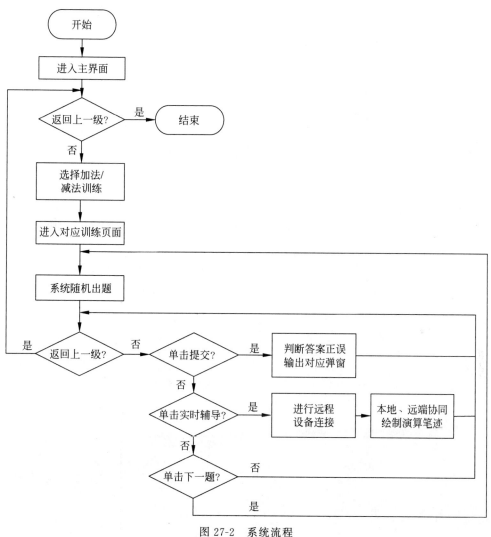

图 27-2　系统流程

27.2　开发工具

本项目使用 DevEco Studio 开发工具,安装过程如下。

(1) 注册开发者账号,完成注册并登录,在官网下载 DevEco Studio 并安装。

(2) 新建项目类型选择 Ability Template 为 Empty Ability,单击 Next 后填入相关信息:项目名称选择 CalculateHelper,BundleName 选择 com. example. calculatehelper,设备

类型选择 Phone。

（3）创建后的应用目录结构如图 27-3 所示。

（4）在 src/main/java 目录下进行计算能力训练辅导助手的功能开发，在 src/main/resources/base/layout 目录下进行布局文件的编写，如图 27-4 所示。

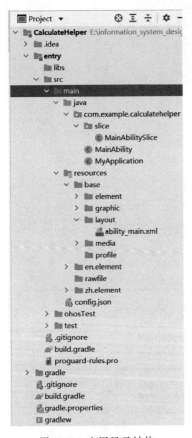

图 27-3　应用目录结构

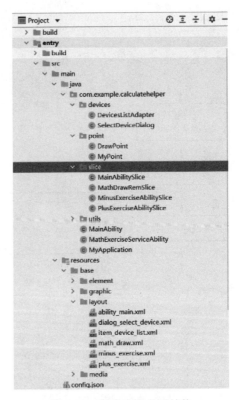

图 27-4　开发完成目录结构

27.3　开发实现

本部分包括界面设计和程序开发，下面分别给出各模块的功能介绍及相关代码。

27.3.1　界面设计

本部分包括图片导入和界面布局。

1. 图片导入

将本项目的应用图标 icon.png 和进行远程设备连接时设备列表图 device.png 导入 project 文件中，保存在 src/main/base/media 文件夹下，如图 27-5 所示。

2．界面布局

计算能力训练辅导助手的界面布局如下。

（1）使用布局组件设置首页界面，包括加法训练和减法训练两个按钮，设置位置、文字大小、高度、宽度、间距和边距。

（2）设置加、减法训练界面布局（以加法训练界面为例，减法训练界面类似），主要包括计算题目、答题区、三个按钮、提交、下一题、实时辅导。定义各组件大小、位置、间距、颜色。

图 27-5　图片导入

（3）笔迹绘制界面布局。

（4）在进行远程设备连接时，会使用本布局陈列出可连接的设备信息。

（5）连接设备选择时使用远程界面布局。

界面布局代码请扫描二维码文件 109 获取。

文件 109

27.3.2　程序开发

本部分包括界面流转、随机出题、判断正误、实时辅导和完整代码。

1．界面流转

在不同界面间进行流转是本程序的基础功能。首页的布局文件为 ability_main.xml，包含加法训练和减法训练两个按钮。对应界面控制逻辑文件为 MainAbilitySlice；加减法的界面控制逻辑文件为 PlusExerciseAbilitySlice 和 MinusExerciseAbilitySlice；实时辅导的界面控制逻辑文件为 MathDrawRemSlice。实现界面的相互流转需要在 MainAbility 中设置路由，并在 MainAbilitySlice 中实现按钮的单击事件。

```
//在 MainAbility 中设置路由
public class MainAbility extends Ability {
    @Override
    public void onStart(Intent intent) {
        super.onStart(intent);
        super.setMainRoute(MainAbilitySlice.class.getName());
        addActionRoute(CommonData.PLUS_PAGE, PlusExerciseAbilitySlice.class.getName());
        addActionRoute(CommonData.MINUS_PAGE, MinusExerciseAbilitySlice.class.getName());
        addActionRoute(CommonData.DRAW_PAGE, MathDrawRemSlice.class.getName());
    }
}
//在 MainAbilitySlice 中实现按钮的单击事件
//加法训练添加单击事件
    private void plusExercise() {
        LogUtil.info(TAG, "Click ResourceTable Id_plus_exercise");
        Intent plusExerciseIntent = new Intent();
        Operation operationMath = new Intent.OperationBuilder().withBundleName(getBundleName())
            .withAbilityName(CommonData.ABILITY_MAIN)
            .withAction(CommonData.PLUS_PAGE)
```

```
            .build();
        plusExerciseIntent.setOperation(operationMath);
        startAbility(plusExerciseIntent);
    }
    //按钮单击类
    private class ButtonClick implements Component.ClickedListener {
        @Override
        //单击
        public void onClick(Component component) {
            int btnId = component.getId();
            switch (btnId) {
                case ResourceTable.Id_plus_exercise:
                    plusExercise();
                    break;
                case ResourceTable.Id_minus_exercise:
                    minusExercise();
                    break;
                default:
                    LogUtil.info(TAG, "Click default");
                    break;
            }
        }
    }
}
```

2. 随机出题

在 PlusExerciseAbilitySlice(加法训练界面的控制逻辑)中进行配置,通过 getRandomInt 方法产生所设定范围内的随机数 number1 和 number2 加法元素,实现随机出题功能。

```
//声明随机数最大值,用于产生随机数
private static final int MAX_NUM = 100;
    //随机出题
    private void setQuestion() {
        number1 = CommonUtil.getRandomInt(MAX_NUM);
        number2 = CommonUtil.getRandomInt(MAX_NUM);
        numberText1.setText(number1 + "");
        numberText2.setText(number2 + "");
        answerText.setText("");
    }
```

3. 判断正误

通过对比用户输入的答案与正确加法结果判断正误,并调用 ToastDialog 方法输出结果提示框。按照判断结果,对弹窗设置文字为回答正确/回答错误,对齐方式为居中对齐,显示时间为 1500ms。

```
//判断答案并弹出结果提示框
    private void checkAnswer() {
        try {
            answer = Integer.parseInt(answerText.getText());
        } catch (NumberFormatException e) {
```

```
        answer = EXCEPTION_NUM;
    }
    if (answer == number1 + number2)          //答案正确
    {
        new ToastDialog(getContext()).setText("回答正确").setAlignment(LayoutAlignment.
CENTER).setDuration(1500).show();
    }
    else                                       //答案错误
    {
        new ToastDialog(getContext()).setText("回答错误").setAlignment(LayoutAlignment.
CENTER).setDuration(1500).show();
    }
}
```

4. 实时辅导

当用户选择实时辅导，会进行远程设备连接，在本地端和远程端分别拉起画布，本地端可以用黑色笔迹进行草稿运算，远程端可以用红色笔迹进行实时指导，操作步骤两端实时同步。

（1）发现远程设备并进行选择。

（2）拉起画布。

（3）绘图界面。在绘图时，线由点构成，需要记录实例化和点的坐标画笔。声明笔画粗细、点的横纵坐标、是否为最后一点的标志等绘画变量。

（4）进行点的数据传输与画图。

相关代码请扫描二维码文件110获取。

文件110

5. 完整代码

程序开发完整代码请扫描二维码文件111获取。

文件111

27.4　成果展示

打开App，首页包含加法训练和减法训练，应用初始界面如图27-6所示。

加法训练界面如图27-7所示。用户在答题区输入答案，单击提交按钮，若答案正确，则出现回答正确弹窗，否则出现回答错误弹窗，如图27-8所示。单击下一题按钮，系统重新出题。单击实时辅导按钮，将进行远程设备连接，如图27-9所示。

在本地端和远程端分别拉起画布，本地端可以用黑色笔迹进行草稿运算，远程端可以用红色笔迹进行实时指导，操作步骤两端实时同步，如图27-10所示。

图27-6　应用初始界面

图 27-7　加法训练界面

图 27-8　加法训练回答正确界面

图 27-9　实时辅导连接远程设备界面

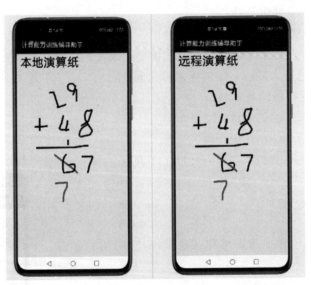
图 27-10　实时辅导界面

项目 28

店 铺 记 账

本项目通过鸿蒙系统开发工具 DevEco Studio，基于 Java 语言和 XML 布局，开发一款店铺记账 App，实现眼镜店快捷记账。

28.1 总体设计

本部分包括系统架构和系统流程。

28.1.1 系统架构

系统架构如图 28-1 所示。

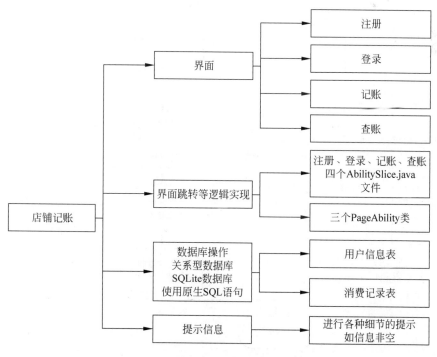

图 28-1　系统架构

28.1.2　系统流程

系统流程如图 28-2 所示。

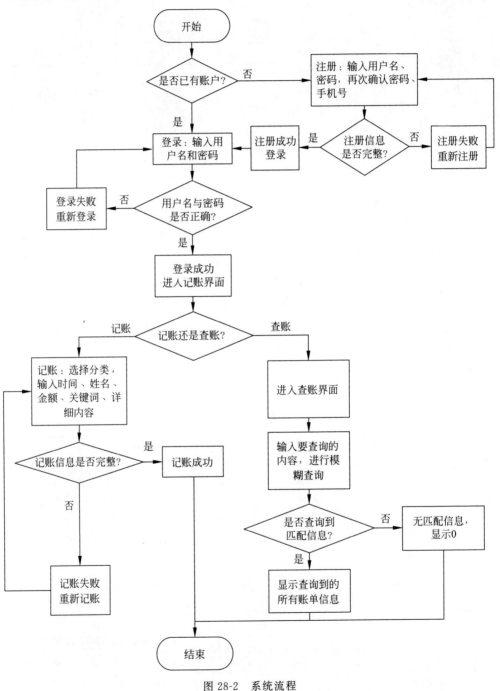

图 28-2　系统流程

28.2　开发工具

本项目使用 DevEco Studio 开发工具,安装过程如下。

（1）注册开发者账号,完成注册并登录。

（2）模板类型选择 Empty Feature Ability,设备类型选择 Phone,语言类型选择 Java,单击 Next 后填写相关信息。

（3）创建后的应用目录结构如图 28-3 所示。

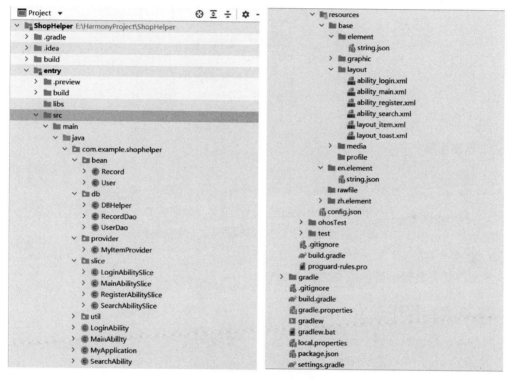

图 28-3　应用目录结构

（4）在 src/main/java 目录下进行店铺记账的应用开发。

28.3　开发实现

本部分包括界面设计和程序开发,下面分别给出各模块的功能介绍及相关代码。

28.3.1　界面设计

本部分包括图片导入、界面布局和完整代码。

1. 图片导入

首先,将选好的图片导入 project 中(.png 格式),保存在 E:\HarmonyProject\ShopHelper\entry\src\main\resources\base\media 文件夹下,如图 28-4 所示。

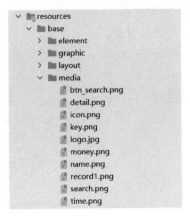

图 28-4 图片导入

2. 界面布局

店铺记账 App 的界面布局如下。

(1)在 media 文件夹中导入需要用到的图片等,可以用 Photoshop 软件进行调整。

(2)在 layout 文件夹中创建登录、注册、记账、查账、查询内容、提示信息的界面布局。

(3)在 graphic 文件夹中创建按钮、文本框等样式,方便重复调用。

3. 完整代码

界面设计完整代码请扫描二维码文件 112 获取。

文件 112

28.3.2 程序开发

本部分包括主要代码结构及功能,如图 28-5 所示。

相关代码请扫描二维码文件 113 获取。

文件 113

28.4 成果展示

打开 App,应用初始界面如图 28-6 所示。

应用初始界面上方为软件 Logo 图标,下方为跑马灯效果的软件标语,可以滚动显示。输入已注册的用户名和密码进行登录,可以选择记住密码,若用户名不存在或密码错误会有对话框提示。单击注册按钮进入注册界面,如图 28-7 所示。登录成功后进入记账界面,如图 28-8 所示。注册成功返回登录界面后,会自动填充已注册好的用户名。进行用户信息的注册,有注册密码的再次确认,当两次密码不一致时,提示用户进行修改,当四项中的任意一项为空时,提示用户补充信息,注册成功后返回登录界面,单击取消按钮返回登录界面。

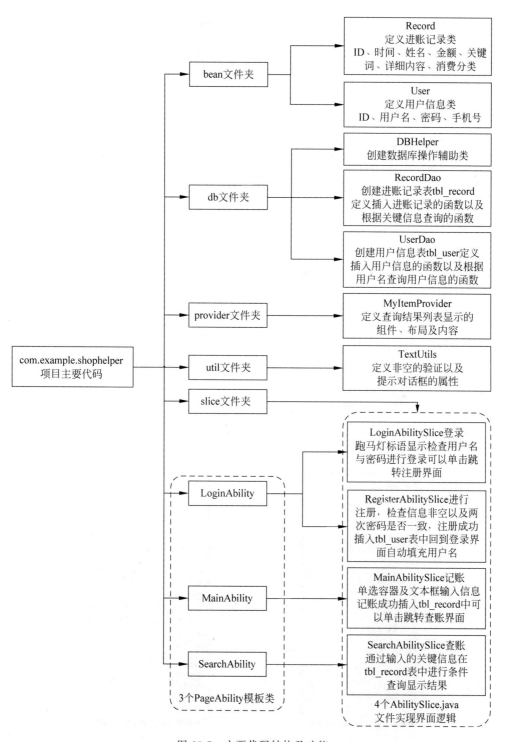

图 28-5　主要代码结构及功能

图 28-6　应用初始界面　　　　图 28-7　注册界面　　　　图 28-8　记账界面

　　如图 28-8 所示，左侧为单选容器，选择商品分类，右侧手动输入购买信息。用户可以输入任意关键词，例如，商品的品牌及货号等，详细内容可以填写顾客的信息，例如，眼镜的详细数据。单击保存按钮进行记账，若未选择商品分类会通过对话框提示用户。单击查询记录按钮进入查账界面，如图 28-9 所示。

　　在文本框中可以输入想搜索的关键信息，此处可以进行模糊搜索。例如，输入时间、姓名、分类、关键词等，查到匹配的账单信息后会在下方显示符合条件的账单，如图 28-10 所示。若无匹配结果，会通过对话框显示 0。

图 28-9　查账界面　　　　　　图 28-10　查询结果界面

项目 29

记 账 助 手

本项目通过鸿蒙系统开发工具 DevEco Studio，基于 Java 开发一款记账助手 App，实现对日常开销的记录操作，并提供增/删/改/查等功能。

29.1　总体设计

本部分包括系统架构和系统流程。

29.1.1　系统架构

系统架构如图 29-1 所示。

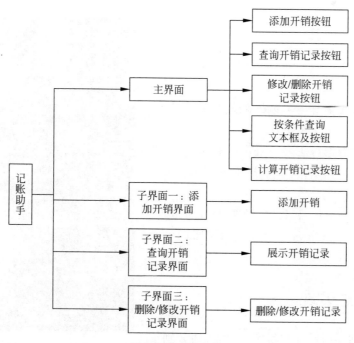

图 29-1　系统架构

29.1.2　系统流程

系统流程如图 29-2 所示。

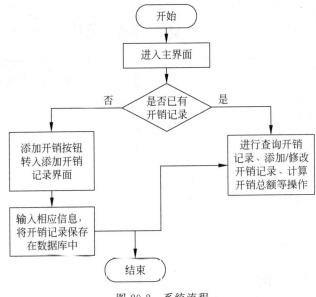

图 29-2　系统流程

29.2　开发工具

本项目使用 DevEco Studio 开发工具,安装过程如下。

（1）注册开发者账号,完成注册并登录,在官网下载 DevEco Studio 并安装。

（2）模板类型选择 Empty Feature Ability,设备类型选择 Phone,语言类型选择 Java,单击 Next 后填写相关信息。

（3）创建后的应用目录结构如图 29-3 所示。

（4）在 src/main/java 目录下进行记账助手的应用开发。

29.3　开发实现

本部分包括界面设计和程序开发,下面分别给出各模块的功能介绍及相关代码。

图 29-3　应用目录结构

29.3.1　界面设计

本部分包括图片导入、界面布局和完整代码。

1. 图片导入

首先,将选好的图片导入 project 中;然后,将选好作为每个列表项目的图片展示文件(. png 格式)保存在 resources/base/media 文件夹下,如图 29-4 所示。

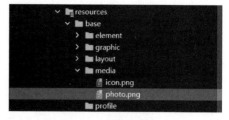

图 29-4　图片导入

2. 界面布局

使用 Harmony OS 中自带的组件实现对主界面 1 个文本、3 个输入框和 7 个按钮的定义和布局。

(1) 主界面的总布局框架。

```
< DirectionalLayout
    xmlns:ohos = "http://schemas. huawei. com/res/ohos"
    ohos:height = "match_parent"
    ohos:width = "match_parent"
    ohos:alignment = "center"
    ohos:orientation = "vertical">
</DirectionalLayout >
```

(2) 主界面文本定义:实现在主界面中记账助手的 App 标题展示。

```
< Text
        ohos:id = " $ + id:expense_helper"
        ohos:height = "match_content"
        ohos:width = "match_content"
        ohos:background_element = " # fec72f"
        ohos:layout_alignment = "horizontal_center"
        ohos:text = "记账助手"
        ohos:text_color = " # fefefe"
        ohos:text_size = "40vp"
        />
```

(3) 主界面添加开销按钮定义:完成到开销子界面的跳转及功能的添加。

```
< Button
        ohos:id = " $ + id:btn1"
        ohos:height = "47vp"
        ohos:width = "319vp"
        ohs:text = "添加开销"
        ohos:text_color = " # 000000"
        ohos:text_size = "24fp"
        ohos:background_element = " # 7aa2e5"
        ohos:padding = "10vp"
        ohos:top_margin = "20vp"/>
```

（4）主界面（直接/无条件）查询开销记录按钮定义：完成到开销记录界面的跳转及查询功能。

```
< Button
        ohos:id = " $ + id:btn2"
        ohos:height = "47vp"
        ohos:width = "319vp"
        ohos:text = "查询开销记录"
        ohos:text_color = " # 000000"
        ohos:text_size = "24fp"
        ohos:background_element = " # 00fdf9"
        ohos:padding = "10vp"
        ohos:top_margin = "20vp"/>
```

（5）主界面删除/修改记录按钮定义：完成到添加/修改界面的跳转，实现记录增/改的功能。

```
< Button
        ohos:id = " $ + id:btn3"
        ohos:height = "47vp"
        ohos:width = "319vp"
        ohos:text = "删除/修改记录"
        ohos:text_color = " # 000000"
        ohos:text_size = "24fp"
        ohos:background_element = " # fdf97c"
        ohos:padding = "10vp"
        ohos:top_margin = "20vp"/>
```

（6）主界面计算总开销按钮定义，通过吐司弹框完成对当前总开销额的展示。

```
< Button
        ohos:id = " $ + id:btn4"
        ohos:height = "47vp"
        ohos:width = "319vp"
        ohos:text = "计算总开销"
        ohos:text_color = " # 000000"
        ohos:text_size = "24fp"
        ohos:background_element = " # f88185"
        ohos:padding = "10vp"
        ohos:top_margin = "20vp"/>
```

文件 114

（7）主界面按条件查询的文本框及相关查询操作定义，并跳转至相应记录子界面。相关代码请扫描二维码文件 114 获取。

使用 HarmonyOS 自带的文本框、按钮组件实现对子界面一（"添加开销"界面）的总体布局。

（1）开销时间文本框。

（2）开销地点文本框。

（3）开销项目文本框。

（4）开销总额文本框。

（5）保存开销记录按钮。实现单击保存按钮后,程序读取文本框中用户的输入并将其保存至数据库的操作。

（6）使用 Harmony OS 自带的列表容器组件实现对子界面二(记录查询展示界面)的构建:由于该子界面负责记录查询后的返回展示功能,实现界面展示时,记录将按照每条 item 的形式展示于列表容器组件中。因此,该界面的大布局为总的列表容器组件,而列表容器组件中,分为每个 item 的实现。

（7）子界面的列表容器定义。

（8）完成总体列表容器中每个 item 的定义。

相关代码请扫描二维码文件 115 获取。

文件 115

使用 Harmony OS 自带的文本框、按钮组件,实现对子界面三(修改/删除记录界面)的定义。

（1）用户可在文本框中输入待修改/删除的记录 ID,以便实现对某条记录的修改/删除。

（2）用户已经在 ID 文本框中输入待修改记录的 ID 后,可在待修改时间文本框中输入新时间,以便指定修改后对应记录的开销时间。

（3）用户已经在 ID 文本框中输入待修改记录的 ID 后,可在待修改时间文本框中输入新地点,以便指定修改后对应记录的开销地点。

（4）用户已经在 ID 文本框中输入待修改记录的 ID 后,可在待修改时间文本框中输入新项目,以便指定修改后对应记录的开销项目。

（5）用户已经在 ID 文本框中输入待修改记录的 ID 后,可在待修改时间文本框中输入新开销额,以便指定修改后对应记录的开销总额。

（6）将实现用户单击该按钮后,App 获取文本框中输入的 ID,从而删除相应开销记录,若删除成功,出现吐司弹框删除成功字样。

（7）修改按钮。

相关代码请扫描二维码文件 116 获取。

文件 116

3. 完整代码

界面设计完整代码请扫描二维码文件 117 获取。

文件 117

29.3.2　程序开发

本部分包括创建数据库、吐司弹框、管理列表容器、主界面、子界面及联动模块。

1. 创建数据库

由于 App 提供给用户对开销记录的增、删、改、查功能需要以本地数据库为基础,在用户进行添加开销记录时,向数据库中写入数据,以便用户进行查询,同时用户也可以使用相应操作,实现对数据库中开销记录的修改/删除操作。

本项目需要创建一个本地轻型数据库,可以理解为是一张存储数据表,其主要内容包括记录 ID、开销时间、开销地点、开销项目、开销总额,其中开销记录 ID 随着记录自动增长。

相关代码请扫描二维码文件 118 获取。

2. 吐司弹框

为使用户 App 体验更加优化,创建并使用吐司弹框,在某时弹出吐司弹框展示信息,相关代码如下。

```
package com.example.expense_helper.MyToastUtils;
import com.example.expense_helper.ResourceTable;
import ohos.agp.components.Component;
import ohos.agp.components.DirectionalLayout;
import ohos.agp.components.LayoutScatter;
import ohos.agp.components.Text;
import ohos.agp.utils.LayoutAlignment;
import ohos.agp.window.dialog.ToastDialog;
import ohos.app.Context;
public class ToastUtils {
    public static void showDialog(Context context,String message){
        //将 XML 文件加载到内存中
        DirectionalLayout toast_dl = (DirectionalLayout) LayoutScatter.getInstance(context).
parse(ResourceTable.Layout_mytoast, null, false);
        //获取到当前布局对象中的文本组件
        Text msg = (Text) toast_dl.findComponentById(ResourceTable.Id_msg);
        //将需要提示的信息设置到文本组件中
        msg.setText(message);
        //创建一个吐司对象
        ToastDialog td = new ToastDialog(context);
        //设置大小
        td.setSize(DirectionalLayout.LayoutConfig.MATCH_CONTENT,DirectionalLayout.LayoutConfig.
MATCH_CONTENT);
        td.setDuration(1500);
        //设置对齐方式
        td.setAlignment(LayoutAlignment.CENTER);
        //将 XML 中的布局对象交给吐司
        td.setContentCustomComponent(toast_dl);
        //吐司出现
        td.show();
    }
}
```

3. 管理列表容器

由于查询返回记录时,相应的记录通过列表容器组件中的 item 进行展示,因此需要创建一个 item 类,同时也需要创建一个 itemProvider 管理器,实现对 item 的管理,相关代码请扫描二维码文件 119 获取。

4. 主界面、子界面及联动模块

在本程序中,界面功能实现如下。

添加开销:单击添加开销按钮,跳转至添加开销界面。

查询开销记录:单击查询开销记录按钮,跳转至开销记录展示界面。

修改/删除记录：单击修改/删除记录按钮,跳转至删除/修改记录界面。

计算开销总额：单击计算总开销按钮,实现对目前开销记录中的开销进行求和,并通过吐司弹框的方式进行开销总额的展示。

按条件查询开销记录：根据时间、地点、项目查询等。其中,可以在相应输入框中输入需要查询记录的时间/地点/项目信息并单击对应按钮,实现按条件查询操作。

程序开发完整代码请扫描二维码文件120获取。

文件120

29.4　成果展示

应用初始界面如图 29-5 所示,包括记账助手标题、添加开销按钮、查询开销记录按钮、删除/修改记录按钮、计算总开销按钮、3 个文本输入框和 3 个按不同条件查询记录按钮。

当用户单击"添加开销"按钮时,用户可以在该界面的 4 个输入框中输入开销的相应信息,如图 29-6 所示。

当用户单击查询开销记录按钮或者按照条件查询时,会转移到如图 29-7 所示的界面,该界面将查询到的开销记录以列表容器组件进行展示,展示内容为开销时间、地点、项目、开销额及记录的 ID 等内容。

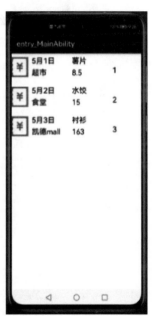

图 29-5　应用初始界面　　　图 29-6　添加开销界面　　　图 29-7　查询开销记录界面

当用户单击删除/修改记录按钮时跳转至图 29-8 所示的界面,若用户需要删除某条记录,只需在输入框中输入相应记录的 ID,单击删除按钮即可;若用户需要修改某一条开销记录,只需在输入框中输入待修改记录的 ID,在下面的 4 个输入框中输入新的开销信息,单击修改按钮即可。

当用户单击计算总开销按钮时,会将当前记录中的所有开销额相加并以吐司弹框的形式进行展示,如图 29-9 所示。

图 29-8　删除/修改开销记录界面　　　　图 29-9　计算总开销结果界面

项目 30

药 箱 管 理

本项目通过鸿蒙系统开发工具 DevEco Studio，基于 JavaScript 开发一款药箱管理 App，实现已备药品记录及简易药品功效查询功能。

30.1 总体设计

本部分包括系统架构和系统流程。

30.1.1 系统架构

系统架构如图 30-1 所示。

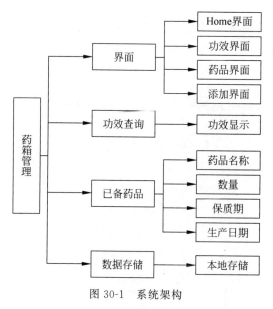

图 30-1 系统架构

30.1.2 系统流程

系统流程如图 30-2 所示。

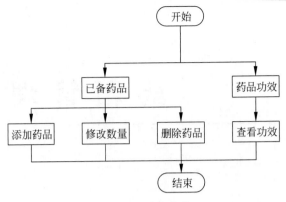

图 30-2　系统流程

30.2　开发工具

本项目使用 DevEco Studio 开发工具,安装过程如下。

(1) 注册开发者账号,完成注册并登录,在官网下载 DevEco Studio 并安装。

(2) 下载并安装 Node.js。

(3) 模板类型选择 Empty Feature Ability,设备类型选择 Phone,语言类型选择 Java,单击 Next 后填写相关信息。

(4) 创建后的应用目录结构如图 30-3 所示。

(5) 在 src/main/js 目录下进行药箱管理的应用开发。

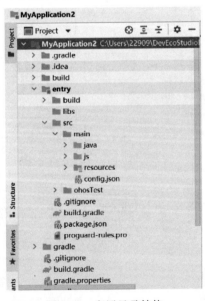

图 30-3　应用目录结构

30.3　开发实现

本部分包括界面设计和程序开发,下面分别给出各模块的功能介绍及相关代码。

30.3.1　界面设计

本部分包括图片导入、界面布局和完整代码。

1. 图片导入

首先,将选好的界面图片导入 project 中;然后,将 Index 界面两个按钮的图片文件(.png 格式)保存在 js/default/common 文件夹下,如图 30-4 所示。

2. 界面布局

药箱管理的界面布局如下。

(1) Index(初始)界面使用两个按钮的图示。

图 30-4　图片导入

```
< div class = "container">
    < image src = "/common/images/index1.jpg" class = "efficacy" onclick = "gotoEfficacy"></image>
    < image src = "/common/images/index2.jpg" class = "medicine" onclick = "gotoMedicine"></image>
</div>
```

(2) Efficiency(药品功效)界面的布局(以其中一个药品的功效显示为例,其余类似),在界面下端显示一个返回 Index(初始)界面按钮。

```
< div class = "type">
    < text>阿莫西林</text>
    < text>功效:主治病毒性感冒</text>
</div>
< div class = "div - goback">
        < input class = "button - goback" type = "button" @click = "goback" value = "返回">
</input>
    </div>
```

(3) Medicine(已备药品)界面,使用 List 组件显示手动添加的药品,包括药品的名称、数量、有效期、增加、减少、删除、添加新药品的跳转和返回 Index(初始)界面按钮。

```
< list class = "medicine - list">
    < list - item for = "{{medicineList}}" class = "medicine - item">
        < div class = "medicine - list - inner">
            < div class = "medicine - inner">
                < div class = "inner1">
                    < text class = "name" >{{ $ item.name}}</text>
< text if = "{{ $ item.overdue}}" class = "ddl1">有效期:{{ $ item.year}} - {{ $ item.month}} -
{{ $ item.day}}</text>
                    < text else class = "ddl">有效期:{{ $ item.year}} - {{ $ item.month}} -
{{ $ item.day}}</text>
                </div>
```

```
                < div class = "inner2">
                    < div class = "inner21">
                        < text class = "number" >数量:{{ $ item.number}}</text >
                        < button type = "circle"onclick = "plusOne( $ idx)" class = "plus -
button"> + </button >
                        < button type = "circle"onclick = "minusOne( $ idx)" class = "minus -
button"> - </button >
                    </div >
                    < input type = "button" onclick = "deleteMedicine( $ idx)" class = "delete -
button" value = "删除"></input >
                </div >
            </div >
        </div >
    </list - item >
</list >
< div class = "div - add">
    < input class = "button - add" type = "button" onclick = "gotoAdd" value = "添加"></input >
</div >
< div class = "div - goback">
    < input class = "button - goback" type = "button" @click = "goback" value = "返回"></input >
</div >
```

（4）Add（添加药品）界面，显示输入药品名称、数量、保质期的输入框，显示生产日期的选择框及返回Medicine（已备药品）界面的按钮。

```
< div class = "label - item">
    < label class = "lab" target = "name">药品名称:</label >
    < input class = "flex" id = "name" type = "text" placeholder = "请输入药品名称" value =
"{{nameValue}}" onchange = "addName" enterkeytype = "done" />
</div >
< div class = "label - item">
    < label class = "lab" target = "number">药品数量:</label >
    < input class = "flex" id = "number" type = "number" placeholder = "请输入药品数量" value =
"{{numberValue}}" onchange = "addNumber" enterkeytype = "done" />
</div >
< div class = "label - item">
    < label class = "lab" target = "life">保质期:(月)</label >
    < input class = "flex" id = "life" type = "number" placeholder = "请输入保质期" value =
"{{lifeValue}}" onchange = "addLife" enterkeytype = "done" />
</div >
< div class = "label - item">
    < label class = "lab" target = "input3">生产日期:</label >
    < picker type = "date" class = "flex - date" value = "{{dateValue}}" selected = "{{dateSelect}}"
onchange = "datePicker" lunarswitch = "true" start = "2010 - 1 - 1
" end = "2030 - 1 - 1"></picker >
</div >
< div class = "div - goback">
    < input class = "button - goback" type = "button" @click = "goback" value = "添加"></input >
</div >
```

3．完整代码

本部分包括 Index(初始)界面设计、Efficiency(药品功效)界面设计、Medicine(已备药品)界面设计和 Add(添加药品)界面设计,相关代码请扫描二维码文件 121 获取。

30.3.2 程序开发

本部分包括添加药品、已备药品、功效查询、数据存储和完整代码,下面分别给出各模块的功能介绍及相关代码。

1．添加药品

输入药品名称、数量、保质期功能,生产日期的选择功能,添加以及返回 Medicine(已备药品)界面功能,处理数据功能,即通过生产日期和保质期计算出有效期,并将有效期与系统时间进行对比,判断是否过期。

2．已备药品

显示上一个功能中添加的药品信息,包括药品名称、数量、有效期,并设置修改药品数量功能和删除药品功能,最后添加一个跳转至 Add(添加药品)界面的功能按钮和一个返回 Index(初始)界面的功能按钮。其中,在删除功能中,加入一个提示功能,判断是否确认删除。在有效期的显示中,加入药品是否已过期的判断提示,若已过期,则将该项文本颜色设置为红色进行提示。

3．功效查询

显示部分常见药品的功效,并设置一个返回 Index(初始)界面的功能按钮。

4．数据存储

使用本地存储方法,在 Add(添加药品)界面中将用户输入的药品信息以及处理后的数据封装在 medicineList 数组中保存在本地,并在使用期间不断更新;在 Medicine(已备药品)界面中提取本地数据,设置修改/删除本地数据功能,并更新本地存储。

相关代码请扫描二维码文件 122 获取。

5．完整代码

程序开发完整代码请扫描二维码文件 123 获取。

30.4 成果展示

打开 App,应用初始界面如图 30-5 所示。

单击 Index(初始)界面上方功效查询按钮,进入 Efficiency(功效查询)界面,在该界面中可以查看部分常见药品的功效,如图 30-6 所示。单击下方返回按钮,可返回到 Index(初始)界面。

单击 Index(初始)界面下方"已备药品"按钮,进入 Medicine(已备药品)界面,首次进入 App 时,如图 30-7 所示。

单击 Medicine(已备药品)界面下方的添加按钮,可进入 Add(添加药品)界面,进行药品的添加,如图 30-8 所示。

图 30-5　应用初始界面　　　图 30-6　"功效查询"界面　　　图 30-7　首次进入已备药品界面

在 Add(添加药品)界面任意输入约品信息后,单击下方添加按钮可返回 Medicine(已备药品)界面,如图 30-9 所示。

在 Medicine(已备药品)界面中,可根据数量变化任意修改药品数量,例如,单击阿莫西林的数量＋按钮,阿莫西林的数量变为 10,如图 30-10 所示。

图 30-8　添加药品界面　　　图 30-9　已备药品界面　　　图 30-10　修改数量界面

　　在 Medicine(已备药品)界面中,可根据已备药品信息的变化删除药品,例如,单击三九感冒灵的删除按钮,弹出是否删除的提示,如图 30-11 所示,单击取消按钮,即放弃删除,如图 30-12 所示;单击确定按钮,则将该条药品信息删除,如图 30-13 所示。

图 30-11　提示界面

图 30-12　取消删除界面

图 30-13　删除成功界面